技工教育"十四五"

无人机应用技术专

全彩
图解

无人机
操控技术

主　编　杨　苡　戴长靖　孙俊田

副主编　杜国新　朱亚鹏　蔡　铮
　　　　王增文

参　编　张　圆　吕　想　闫　欣

机械工业出版社
CHINA MACHINE PRESS

本书以理论与实践相结合的方式,参考民用无人机(多旋翼)驾驶员执照考试的操控技术要求,以及无人机在植保、航拍、航测、电力、安防、环保等领域的应用情况,详细介绍了无人机驾驶员所必须掌握的基础知识和操作技能。本书主要内容包括无人机概述、无人机系统组成、飞行原理与性能、无人机航空法规、航空气象和飞行部分。书中配有大量的视频素材,以尽量反映国内近年来在无人机方面的研究和实际应用成果,让读者对无人机实操技术进行零基础快速入门,具有很强的实用性。

　　本书供职业技术学校和技工院校无人机相关专业的师生使用,也可供无人机驾驶及应用领域的相关人员和广大无人机爱好者阅读。

图书在版编目(CIP)数据

无人机操控技术/杨苂,戴长靖,孙俊田主编. —北京:机械工业出版社,2020.3(2025.1重印)
无人机应用技术专业系列教材
ISBN 978-7-111-64290-9

Ⅰ.①无…　Ⅱ.①杨…②戴…③孙…　Ⅲ.①无人驾驶飞机-教材
Ⅳ.①V279

中国版本图书馆CIP数据核字(2019)第268890号

机械工业出版社(北京市百万庄大街22号　邮政编码100037)
策划编辑:赵磊磊　王　博　责任编辑:赵磊磊
责任校对:聂美琴　　　　责任印制:任维东
河北鹏盛贤印刷有限公司印刷
2025年1月第1版第12次印刷
169mm×239mm · 11印张 · 184千字
标准书号:ISBN 978-7-111-64290-9
定价:55.00元

电话服务　　　　　　　　网络服务
客服电话:010-88361066　机　工　官　网:www.cmpbook.com
　　　　　010-88379833　机　工　官　博:weibo.com/cmp1952
　　　　　010-68326294　金　书　网:www.golden-book.com
封底无防伪标均为盗版　机工教育服务网:www.cmpedu.com

前　言
FOREWORD

近年来，随着"智能时代"及"5G 时代"拉开序幕，我国民用无人机市场产销量保持高速增长，从常见的航空摄影、遥感测绘、农业植保、电力巡线，到专业应用领域的环境监测、应急救援、国土调查、交通监视、警情和消防监控等，无人机的应用越来越普及。2019 年 4 月，无人机驾驶员被人力资源和社会保障部等部门列为 13 个新职业工种之一，使得无人机驾驶员正式成为相关应用领域的关键和核心岗位。

工业和信息化部于 2017 年 12 月发布的《关于促进和规范民用无人机制造业发展的指导意见》明确提出："到 2025 年，民用无人机产值达到 1800 亿元，年均增速 25% 以上。""支持有条件的普通高校和职业院校设立无人机相关专业，建立多层次、多类型的无人机人才培养和服务体系。鼓励企业引进国内外高层次技术人才，加强技能人才培训。鼓励高等院校、科研院所和企业合作，创新人才培养机制，加快培育无人机关键技术、安全管控等急需紧缺型专业人才，构建具有竞争力的高端人才队伍。"因此，在"无人机＋"大发展背景下，无人机相关专业人才的教育与培训是我国无人机产业实现可持续创新发展的基础性工程之一，也是我国职业院校的重要任务之一。为此，机械工业出版社组织相关院校、企业及行业有关专家共同编写了"无人机应用技术专业系列教材"，本书是该系列教材之一。

本书参考民用无人机（多旋翼）驾驶员执照考试的操控技术要求，以北方天途航空技术发展（北京）有限公司的无人机驾驶培训课程休系为框架，结合无人机在植保、航拍、航测、电力、安防、环保等领域的应用情况进行编写，力图使职业院校无人机应用操控、机电一体化、工业机器人等专业以及无人机应用方向的学生在学完本课程后，能够获得一线应用操控技术人员所必需的无人机飞行基本知识、基本技术和低空无人机操控技术。

本书共6章，从基础知识与飞行训练两方面充分解析了无人机的发展历程、现代应用领域及相关法律法规，同时以无人机系统基础知识为切入点，引导读者循序渐进地了解无人机设备、规范操作流程和技术要领。全书理论与实践有机结合，结构清晰，目标明确。书中配有大量的视频素材，以尽量反映国内近年来在无人机方面的研究和实际应用成果，让读者对无人机实操技术进行零基础快速入门，具有很强的实用性。

本书由北方天途航空技术发展（北京）有限公司的杨苡、戴长靖、孙俊田任主编，杜国新、朱亚鹏、蔡铮、王增文任副主编，参加编写的人员有张圆、吕想、闫欣。

在本书编写过程中，得到了国内外各大主流无人机厂家、无人机驾驶员培训机构、无人机行业协会以及开设无人机专业院校的积极支持，同时也参阅了众多专业学者、无人机研制及使用单位和一些院校的文献资料，在这里一并表示衷心的感谢。

由于无人机知识体系庞大广泛，作者难免有理解、表述不足之处，恳请广大读者批评指正。

编 者

目 录

CONTENTS

第**1**章
无人机概述

无人机属于高科技产品，拥有较为复杂的产业链，如图 1-1 所示。近年来，无人机行业得到迅猛发展，国内无人机厂家如雨后春笋般不断涌现。其中，以北方天途、大疆、亿航、极飞、零度等厂家发展迅速。目前，大疆已经占据全球 70% 消费级无人机的市场份额；亿航、零度也在无人机编队飞行领域占得一席之地；天途、大疆、极飞在无人机植保市场形成三足鼎立局面。

图 1-1 无人机产业链

1.1 认识无人机

什么是无人机呢？无人机的概念包含无人机和无人机系统两个部分。

无人机（Unmanned Aircraft，UA）是由控制站管理（包括远程操纵或自主飞行）的航空器，也称为远程驾驶航空器（Remotely Piloted Aircraft，RPA），也常用 UAV（Unmanned Aerial Vehicle）表示。图 1-2 所示为油电混合动力植保类无人机。

图1-2　油电混合动力植保类无人机

无人机系统（Unmanned Aircraft System，UAS）也称为远程驾驶航空器系统（Remotely Piloted Aircraft System，RPAS），是指由无人机以及与其相关的遥控站（台）、任务载荷与控制链路等组成的系统。图1-3所示为一组完整的无人机系统。

图1-3　一组完整的无人机系统

按照不同的平台，无人机包括无人直升机、固定翼、多旋翼、垂直起降固定翼、自转旋翼机、无人飞艇等。需根据飞行场地和任务需求，选用不同种类的无人机进行作业。

说到无人机，不得不提到航空模型。无人机与航空模型有很多相似之处，但也有着明显的区别。

区别一：定义不同。

关于航空模型，在国际航联制定的竞赛规则里明确规定："航空模型是一种重于空气的，有尺寸限制的，带有或不带有发动机的，不能载人的航空器。"目前，我国对航空模型的定义中规定，航空模型要在视距内，视距不超过500m。

无人机的定义则是：无人驾驶飞机，一般是指无人飞行载具，也就是不需驾驶员在机内驾驶的飞机。

从定义就可以看出，两者是有明显区别的。

区别二：飞控系统。

无人机和航空模型最大的本质区别在于有无智能化的飞控系统、能否实现自主飞行。无人机是在垂直位置或水平位置能够自主控制的航空器，航模是在垂直位置或水平位置依靠人工控制的航空器。

通俗来讲，无人机本身相当于带着大脑飞行，飞手只需通过数据链将地面控制参数与无人机进行交互，无人机就可以实现自主飞行，也可以超视距飞行。

航空模型则不然，必须由人通过遥控器控制，并且始终要在视距范围内，通过遥控实现机动和姿态调整，它的真正大脑一直在地面的飞手手上。

区别三：人机界面系统组成。

航空模型由飞行平台、动力系统、视距内遥控系统组成，主要是为了大众的观赏性，追求的是外表的逼真或是飞行优雅等，科技含量并不高。无人机比航空模型要复杂。无人机系统由飞行平台、动力系统、飞控导航系统、链路系统、任务系统、地面站等组成，主要是为了完成特定任务，追求的是系统的任务完成能力，科技含量高。

目前来看，大部分人主要还是从人机界面来区分航空模型和无人机的。如果看到一个带天线的游戏手柄状东西，那必然是航空模型；如果前有液晶显示器，侧有摇杆鼠标，那很有可能就是无人机了。

区别四：任务用途。

无人机有任务载荷系统，其本质是一种工具，主要执行军用和民用的比较复杂的任务，在农业植保、森林防火、边防缉私、高速公路巡查、物流快递等领域已经大量应用。

航空模型一般不装载荷系统（高级或改装的除外），侧重于航空模型运动、竞赛、爱好者研究交流以及个人娱乐。

另外，无人机重量跨度大，几千克至上万千克都有；航模一般重量较小，常见的是几百克至十几千克。

区别五：人员资质。

无人机操控人员包括观测员、视距内驾驶员、超视距驾驶员和教员，大多数还需要考取执照。

　　航空模型操控一般仅为一人，无机长和观测员，也无资质要求，仅有中国航空运动协会制定的试行技术等级标准，且无法律强制力。

　　区别六：主管单位。

　　在我国，航空模型由国家体育总局下属的航空运动管理中心管理，适用体育类法规；而无人机由中国民用航空局和中国航空器拥有者及驾驶员协会管理，适用航空类法规。

图 1-4　直升机航空模型表演

　　航空模型主要是视距内飞行，用于比赛和表演者居多，图 1-4 所示为直升机航空模型表演；无人机主要是应用，如航拍、测绘、植保等，图 1-5 所示为植保无人机的模拟作业场景。

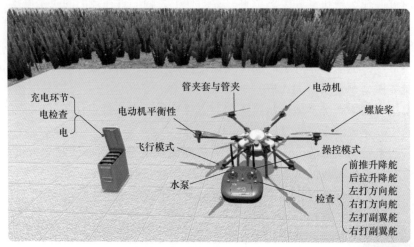

图 1-5　植保无人机的模拟作业场景

植保无人机

1.1.1　固定翼

　　顾名思义，固定翼无人机就是指飞机的机翼固定不动，靠机翼的空气动力特性而产生升力的一种机型。固定翼机型比较常见，图 1-6 所示为常规布局的民用无人机，图 1-7 所示为垂直起降固定翼无人机，图 1-8 所示为考试训练用固定翼无人机。

图1-6　常规布局的民用无人机

图1-7　垂直起降固定翼无人机

固定翼无人机

图1-8　考试训练用固定翼无人机

1.1.2　旋翼机

旋翼机是指通过飞机机翼（这里把机翼改称为桨叶）旋转而产生升力的一种机型，主要包含多旋翼、直升机、自转旋翼机。3种机型在结构和功能上各有特色，不同的应用场景需要选择不同的机型。

1. 多旋翼

多旋翼是目前应用最广泛的机型，它对无人机的发展起到了非常重要的作用。多旋翼无人机是指包含3个及以上旋翼轴的无人机，它因结构简单、维护方便而得到迅速推广。图1-9所示为农用植保无人机，图1-10所示为教学用无人机，两者均为多旋翼无人机。

灭火多旋翼

图1-9　农用植保无人机

喷火多旋翼

图 1-10　教学用无人机

2. 直升机

通俗来讲，直升机指的是单旋翼直升机，与多旋翼直升机不同的是，单旋翼直升机通常由一个主旋翼和一个尾旋翼构成，通常具有机动性好、飞行速度快等优点，但是由于其结构复杂，有逐渐被多旋翼直升机取代的趋势（特殊行业除外）。图 1-11 和图 1-12 分别所示为考试用无人直升机和植保用无人直升机。

图 1-11　考试用无人直升机

图 1-12　植保用无人直升机

随着科技的发展，直升机的共轴双桨逐渐演化出了另外两个分支，即双轴双桨和交叉轴直升机。图 1 - 13 所示为共轴双桨直升机。图 1 - 14 所示为无人运输直升机。图 1 - 15 所示为交叉轴双桨直升机。

图 1 - 13　共轴双桨直升机

图 1 - 14　无人运输直升机

图 1 - 15　交叉轴双桨直升机

3. 自转旋翼机

自转旋翼机获得升力的方式和多旋翼机不同，自转旋翼机是靠飞机后部的发动机工作，带动位于飞机后部的垂直桨叶转动，让飞机获得向前滑行的推力，飞机和空气的相对运动带动飞机上面的螺旋桨叶转动，当转动产生的升力达到一定值的时候，就能够把飞机带离地面，如图 1 - 16 所示。

图 1 - 16　自转旋翼机

1.1.3 垂直起降固定翼

垂直起降固定翼无人机是近几年新研发出来的一款无人机机型，单纯从结构上看可以看作多旋翼和固定翼的结合体。它既有多旋翼起降简单、没有场地要求的优点，又有固定翼长航时、大载重量的优点，很适合做行业的测绘、监测、管路巡查等工作。图 1 - 17 所示为垂直起降固定翼无人机。

垂直起降
固定翼无人机

图 1 - 17　垂直起降固定翼无人机

1.2　多旋翼相关基础知识

由于现在无人机应用的主流机型就是多旋翼无人机，本章重点介绍多旋翼无人机的基础知识。

1.2.1 多旋翼的概念

多旋翼飞行器也称为多轴飞行器，是一种具有 3 个及以上旋翼轴的特殊直升机。多轴飞行器每个"轴"上，一般连接一个电调、一个电动机，电动机转动带动旋翼产生升推力。多旋翼飞行器是一种重于空气的航空器，主轴需要动力驱动的都可以划归为直升机，故多旋翼是一种重于空气的具有多个旋翼的直升机，如图 1 - 18 ～图 1 - 20 所示。

图 1 - 18　多旋翼飞行器（一）

图 1-19 多旋翼飞行器（二）

图 1-20 多旋翼飞行器（三）

1.2.2 多旋翼的系统组成

多旋翼飞行器系统主要包括机体结构、飞控系统、动力系统、机载链路系统。

1. 机体结构

机体结构是其他所有机载设备、模块的载体。多旋翼典型的机体结构包括机架、支臂、脚架和云台，如图 1-21 所示。

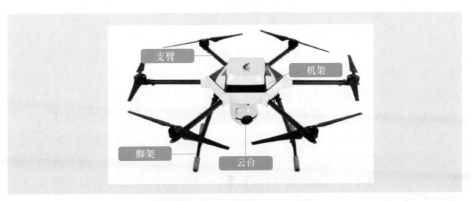

图 1-21 多旋翼典型的机体结构

1）机架：装载各类设备、动力电池或燃料，同时它也是其他结构部件的安装基础。

2）支臂：机架结构的延伸，用以扩充轴距，安装电动机，有些多旋翼的脚架也安装在支臂上。

3）云台：任务设备的承载结构。

4）脚架：用来支撑停放、起飞和着陆的部件。

2. 飞控系统

飞控全称导航飞控系统。多轴飞行器的飞控指的是机载导航飞控系统，又称为自动驾驶仪，它包含飞控子系统和导航子系统两部分。飞控子系统包含角速度传感器、姿态传感器、加速度计等，用来调整飞行姿态；导航子系统包含空速传感器、高度计、位置传感器，用来定位飞机位置。

（1）飞控硬件（多旋翼飞控板）　多旋翼飞控系统全部集成在一块电路板上，称为飞控板。飞控板可集成全部的传感器，包括三轴角速度陀螺仪、三轴加速度计、三轴磁力计、高度计、GPS 接收机以及计算单元。图 1 - 22 所示为飞控板。

图 1 - 22　飞控板

（2）IMU 惯性导航传感器　IMU 惯性导航传感器是 DOF（Degree of Freedom，自由度）系统的核心，为多旋翼提供姿态、速度和位置等参数，全称为"惯性测量单元"，是测量物体三轴姿态角（或角速率）以及加速度的装置。一个 IMU 包含 3 个单轴的加速度计和 3 个单轴的陀螺仪，加速度计检测物体在载体坐标系独立三轴的加速度信号，而陀螺仪检测载体相对于导航坐标系的角速度信号，IMU 测量物体在三维空间中的角速度和加速度，并以此解算出物体的姿态，在导航中有着很重要的应用价值。为了提高可靠性，还可以为每个轴配备更多的传感器。一般而言，IMU 要安装在被测物体的重心上。图 1 - 23 所示为一款 IMU 传感器。

（3）GPS 接收机　GPS 接收机获取无人机的位置信息，在多轴飞行器 GPS 定位中，最少需要达到 4 ~ 5 颗星才能够在飞行中保证基本的安全。其工作原理是各卫星与地面 GPS 接收机都有统一的标准时间，各星向外广播发送这个时间及本星的位置（星历），地面 GPS 接收机根据收到的各星位置与时间差反推计算出自己的位置。GPS 天线应尽量安装在飞行器顶部。大多数多轴飞行器自主飞行过程利用 GPS 实现位置的感知。图 1 - 24 所示为无人机上常用的 GPS 接收机。

图 1-23 IMU 惯性导航传感器

图 1-24 无人机上常用的 GPS 接收机

（4）磁力计 磁力计为多旋翼提供角度信息，其功能等同于指南针。多轴飞行器在没有发生机械结构改变的前提下，如发生漂移，不能直线飞行时，通常就需要校准磁罗盘。如果无人机发生远距离转场，尤其是东西方向的远距离转场，必须校准磁罗盘。图 1-25 所示为磁力计模块。

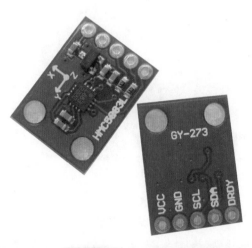

图 1-25 磁力计模块

（5）各种飞控 飞控软件是烧录在飞控硬件上计算单元以及各型传感器上的程序或算法，是飞控系统的灵魂。原始的传感器信息通过飞控软件的处理变成有用的信号，以及根据这些信号产生控制指令，完成各种飞行任务。

目前多轴飞行器飞控市场上比较流行的有以下几种。

1）KK 飞控：KK 飞控开源，只使用 3 个基本的单轴陀螺仪，价格便宜，结构简单，不能进行姿态控制及 GPS 控制。

2）APM 飞控：APM 飞控开源且配有专门的地面站软件，可以实现各种姿态之间的切换，但是调试复杂，非专业人员很难调稳。

3）MWC 飞控：MWC 飞控也是开源飞控且配有地面站软件，价格便宜，结构简单，但是性能不如 APM/PIX 等飞控稳定。

4）DJI NAZA 飞控：DJI NAZA 飞控是闭源飞控，性能稳定、功能齐全且易于控制，但是价格昂贵，是前几年比较主流的商业飞控。

5）PX4 和 PIXHawk：PX4 和 PIXHawk 飞控有点类似于 APM 飞控，是开源飞控且配有地面站软件，固件代码结构好，利于二次开发，但是不如 APM 代码成熟。

多轴飞行器飞控软件使用中要特别注意：版本、各通道正反逻辑设置。图 1-26 所示为一款多旋翼的飞控。

3. 动力系统

多旋翼无人机动力系统的组成为螺旋桨、电动机、电调和电池，如图 1-27 所示。

图 1-26　多旋翼的飞控

图 1-27　多旋翼无人机动力系统组成

（1）螺旋桨　螺旋桨是安装在电动机上为多旋翼无人机提供升力的装置。螺旋桨是一个旋转的翼面，适用机翼的空气动力学原理。其产生升力的大小依赖于桨叶的平面形状、螺旋桨叶迎角和电动机的转速。多轴飞行器常用螺旋桨的剖面形状为凹凸型，更接近于固定翼飞机螺旋桨。图 1-28 所示为多旋翼无人机的螺旋桨。

当桨叶旋转时，桨尖的线速度大于桨根处的线速度，为了使从毂轴到桨尖产生一致的升力，螺旋桨叶设计为负扭转：桨根处迎角大于桨尖处迎角，即桨根处升力系数大于桨尖处升力系数，如图 1-29 所示。

一般的工业级多旋翼无人机大多选用两叶桨，因为同一架多轴飞行器，在同样做好动力匹配的前提下两叶桨的效率高。三叶桨的动力强劲，但因为需要抵消更多的旋转阻力，效率比两叶低，需要高速飞行或需要快速改变飞行姿态的穿越机大多使用三叶桨。图 1-30 和图 1-31 所示分别为多旋翼所用的两叶桨、三叶桨。

图 1-28 多旋翼无人机的螺旋桨

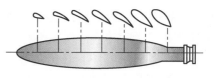

图 1-29 桨根处升力系数大于桨尖处

图 1-30 多旋翼所用的两叶桨

图 1-31 多旋翼所用的三叶桨

　　螺旋桨的主要技术指标有桨径和桨距，有时也称为直径和螺距。其标准的表示方式是使用 4 位数字，如 1104 螺旋桨，前两位表示桨的直径是 11in（1in = 25.4mm），后两位表示桨的螺距是 4in。在螺旋桨出厂时，生产厂家都会在桨根处注明该螺旋桨的技术指标。当然，有的厂家会标注成 11 × 4，也表示螺旋桨的直径是 11in，螺距是 4in，如图 1-32 所示。

图 1-32 螺旋桨的标注尺寸

在判断螺旋桨究竟多大时，需要依靠一定的经验。例如，1104 表示直径为 11in，螺距为 4in 的螺旋桨。但是，9050 表示多大的螺旋桨呢？是不是表示直径为 90in，螺距为 50in 的螺旋桨呢？其实不是的，可以想象直径为 90in，螺距为 50in 的螺旋桨有多大。通常情况下，多旋翼无人机的螺旋桨直径都用一个大于 1 且小于 30 的数字表示，不能取得太小，也不能太大；而螺距一般用大于 1 且小于 10 的数字表示。

多旋翼为了抵消单个螺旋桨的反扭矩，各个桨的旋转方向是不一样的，所以作出规定：顶视（俯视）逆时针旋转的螺旋桨是正桨，用 CCW 表示；顶视（俯视）顺时针旋转的螺旋桨是反桨，用 CW 表示。图 1-33 所示为常规碳纤维桨叶。

图 1-33　常规碳纤维桨叶

螺旋桨使用时需要关注其与电动机的匹配问题。特别是更换大尺寸桨叶时，转速变慢、桨盘载荷变小，但升力不一定变大。另外，桨叶尺寸过大，起飞后桨的惯性大大增加，动力系统无法及时响应飞控输出，飞控又对电调持续输出修正信号使飞控电流过大，造成损坏。桨叶总距不变，只有电动机功率变大且桨叶直径变大，才有可能提高多轴飞行器的载重。

（2）电动机　多轴飞行器动力系统多为电动系统，因为电动系统形式简单且速度响应快。主要使用外转子三相交流无刷同步电动机。

无刷电动机去除了电刷，运转时摩擦力大大减小，所以无刷电动机的效率较有刷电动机更高。图 1-34 所示为有刷直流电动机，图 1-35 所示为三相无刷交流电动机。

图 1-34　有刷直流电动机

图 1-35　三相无刷交流电动机

多轴飞行器使用的电动机都是交流电动机，电动机通过 3 根线和电调连接，从电调取电。一般如果想要电动机反向旋转，只需要把 3 根线中的两根互换一下即可。

电动机规格的一般表示方法是 4 位数字 + KV 值参数组合，如 7015kV330 电动机，表示电动机内定子直径是 70mm，内定子高度是 15mm（内定子即绕线圈部分）。图 1－36 即为电动机的内定子。

电动机

直径大、高度小的电动机通常称为短粗电动机，其特点是转速慢、扭力大；直径小、高度大的电动机（如 1840 电动机）通常称为细长电动机，其特点是转速快、扭力小。

图 1－36　电动机的内定子

KV 值：是表示电动机转速能力的值，它表示每外加 1V 电压，电动机每分钟增加的空转转速。电动机的转速只和 KV 值和电压有关系，即：转速 = KV 值 × 电池电压 U。

例如，6S1P20000mAh 的电池搭配 7015 KV300 的电动机，电动机的空转转速是多少?

$$转速 = KV * U = 300 \times 6 \times 4.2 r/min$$

电动机与螺旋桨的匹配：电动机、螺旋桨与多旋翼整机的匹配，都是非常复杂的问题，所以建议采用经验配置。

1）选择布局→选择桨→选择电动机→选择电调→选择电池。

2）大螺旋桨用低 KV 电动机，小螺旋桨用高 KV 电动机。

3）选择动力冗余配置。六、八轴飞行器具有一定的冗余度，即某个电动机发生故障时，只需将对角电动机做出类似停止，仍保留动力完成降落或返航。

（3）电调

电调是电子调速器的简称，用 ESC 表示。其作用是根据飞控的控制信号，将电池的直流输入转变成一定频率的交流输出，用于控制电动机的转速和扭力。多轴飞行器使用的电调通常被划分为有刷电调和无刷电调，多轴飞行器一般使用无刷电调，如图 1－37 所示。

电调上共有 8 根线，最粗的红线和黑线用来连接动力电池，较细的白红黑 3 色排线（也叫作杜邦线）用来连接飞控，另一端 3 根单色线连接电动

图 1 - 37 无刷电调

机。如果任意调换其中两根与电动机的连接顺序，则电动机反向运转。

如图 1 - 38 所示，电调上标有"100A"字样，它的意思是指电调所能承受的最大稳定工作电流是100A。一般多旋翼选用悬停电流 4 ~ 5 倍规格的电调，这样可以给电流留够

图 1 - 38 电调

充足的余量。电调上标有 BEC 字样，它的意思是指电调能从杜邦线向外输出 5V 的控制电压给飞控供电。而 No BEC 表示没有给飞控供电的能力。4 ~ 6S Lipo 是规定电调的电压范围，是以锂电池的片数来规定的。

多轴飞行器电动机与电调的匹配和测试是一大难题。因为电调输出的驱动交流相位与电动机设计的如果不匹配，就会造成堵转，导致严重后果。在常规飞行和小负载情况下，很多电动机与电调的不兼容表现不明显。但是，在做大机动飞行或外界气流对转速干扰过大时，或人工快速调节油门杆时，可能会出现问题，表现为瞬间一个或多个电动机驱动断相。

要完全杜绝和排除此类问题也比较困难，因为现有的多旋翼几乎都是开环结构，无法检测到每个电动机是否转速正常。

建议测试电动机与电调兼容性的最基础方案为：在地面拆除螺旋桨，以姿态或增稳模式起动，起动后将油门推至50%，大角度晃动机身、快速大范围变化油门量，使飞控输出动力。仔细听电动机转动声音，并测量电动机温度，观察是否出现断相。

（4）电池 多轴飞行器使用的动力电池一般为聚合物锂电池，它属于锂离子电池的一种。

锂离子电池优点如下。

1）电压高，单体电池的工作电压高达 3.7 ~ 3.8V。

2）循环寿命长，一般均可达到500次以上，安全性能好。

3）比能量大，材料能达到理论值88%的比容量，即同样容量不同类型的电池，最轻的是聚合物锂电池；同样重量不同类型的电池，容量最大的是聚合物锂电池。

电池容量：安时（Ah）或者毫安时（mAh）。如图1-39所示，17000mAh表示以17000mA放电，能够持续1h。严格地讲，电池容量应该以Wh表示，Ah乘以电压就是Wh。例如，严禁民航旅客行李中携带额定能量超过160Wh的锂电池。

图1-39 无人机专用电池

充、放电倍率（C数）：一般锂聚合物电池有两个C数。例如，穿越机电池一般为5C~30C，表示最大能够以5倍的额定电流充电，最大能够以30倍额定电流放电。

例1-1 如果17000mAh，6S1P锂聚合物电池以2C充电，求充电电流和充电时间。

$$电流\ I = 额定电流 \times 充放电倍率 = 17A \times 2C = 34A$$
$$时间\ T = 1/充放电倍率（单位\ h） = 1/2h$$
$$= 60/充放电倍率（单位\ min） = 60min/2 = 30min$$

例1-2 如果10000mAh，6s1p锂聚合物电池以25A放电，求放电倍率和放电时间。

放电倍率 C = 放电电流/额定电流 = 25/10 = 2.5倍

时间 T = 额定电流/放电电流（单位h） = 10h/25 = 0.4h = 24min

额定功率 $P = UI = 3.7 \times 6 \times 10W = 222W$；充放电功率 $P = UI = 4.2 \times 6 \times 10W = 252W$

电池电压：聚合物锂电池单体标称电压为3.7V，充电后电压可达4.2V，放电后的保护电压为3.6V。一般电池长期不使用的情况下应该放电到3.85V保存。为了能有更高的工作电压和电量，必须对电池单体进行串联或并联电池组，电池组上S表示串联，P表示并联。3S2P字样，代表电池组先由3个单体串联，再将串联后的两组并联。图1-40所示为三节锂电池串联。

一般锂聚合物电池上都有两组线。一组是输出线（粗，红黑各一根）；

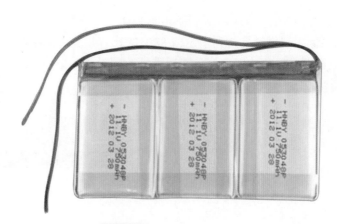

图 1-40　三节锂电池串联

一组是单节锂电池引出线（细，与 S 数有关），用以监视平衡充电时的单体电压。

锂电池在使用时必须串联才能达到使用电压需要，因此聚合物电池需要专用的充电器，尽量选用平衡充电器。根据充电原理的不同，平衡充电器分为串行平衡充电器和并行平衡充电器。

虽然锂电池是多旋翼的主要电源，但是机载设备、遥控器等一些设备上还使用磷酸铁锂和镍镉电池等其他类型电池，注意镍镉电池在没有充分放电的前提下，不能以大电流充电。

并行平衡充电器使被充电的电池块内部每节串联电池都配备一个单独的充电回路，互不干涉，毫无牵连；串行平衡充电器的主要充电回路接线在电池的输出正负极上。图 1-41 和图 1-42 所示为两款不同的平衡充电器。

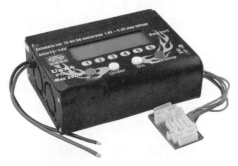

图 1-41　平衡充电器（一）

图 1-42　平衡充电器（二）

（5）油电混动　为了克服电动无人机续航能力短的问题，目前市场上推出了油电混动型的多旋翼无人机。

4. 机载链路系统

民用多旋翼无人机的通信链路系统比较简单，仅 2～3 条，即遥控链路、数传链路、图传链路。

油电混动
无人机

1）遥控链路：由遥控器和无人机上的遥控接收机构成，其为上传的单向链路，地面人员发指令，飞机收指令，用于视距内控制飞机。多轴飞行器飞行时地面人员手里拿的"控"指的就是地面遥控发射机，多轴飞行器的遥控器一般有 4 个及以上通道。多轴飞行器上的电信号传播顺序一般为机载遥控接收机→飞控→电调→电动机。图 1-43 所示为行业比较常用的 Futaba 遥控器。

图 1-43　Futaba 遥控器

2）数传链路：由便携式计算机连接的一个模块和飞机上的一个模块构成双向链路。地面人员发出修改航点等指令，飞机接收指令并做出相对应的动作；飞机发送位置、电压等信息，地面人员接收信息并决定是否控制飞机返航，一般用于视距外控制飞机。多轴飞行器上的链路天线应尽量远离飞控和 GPS 天线，并且应该向下安装。图 1-44 所示为地面站和数传天线。

3）图传链路：由飞机上的图传发射模块和地面上的图像接收模块构成，为下传的单向链路。飞机发送摄像机拍摄到的图像，地面人员进行接收。图 1-45 所示为图传模块的组件。

图 1-44　地面站和数传天线

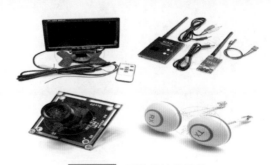

图 1-45　图传模块的组件

1.2.3　升力公式在旋翼上的应用

首先来回忆一下升力公式。

升力公式为

$$L = C_{\text{L}} \frac{\rho v^2}{2} S$$

那么对于旋翼类机型来说，v 可以理解为某一位置的线速度，即角速度乘以该位置的半径，故桨根处线速度小于桨尖处线速度；S 是对应某一半径处旋翼扫过圆环的面积。

1.2.4　多旋翼的布局结构

由于多旋翼的桨平面是向上安装的，由螺旋桨直接提供机体所需的升力，而螺旋桨在旋转时又会产生反扭力，使无人机的机体向螺旋桨旋转的反向转动。为了克服这个反扭力，设计成两两对应的双数螺旋桨结构或者在单数螺旋桨上安装舵机。

按照要求和使用习惯不同，多旋翼可以设计成不同的气动结构，主要有十字形、X 形、Y 形、H 形。

1. 十字形

1）优点：前后、左右飞行控制比较直观，只需改变较少电动机转速即可实现。但是，有研究表明，十字形布局的无人机风场比较稳定有序，所以有的植保类无人机会采用这种布局。

2）缺点：飞行正前方有螺旋桨，因此航拍等应用时会造成一定影响。

图 1-46 所示为不同轴数的十字形布局。

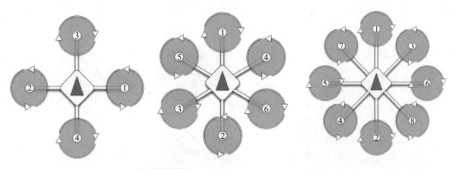

图 1-46　不同轴数的十字形布局

2. X形

X形四轴飞行器右前方的旋翼一般多为俯视逆时针旋转。操纵升降和副翼时，一般会有多个电动机参与，不论是操纵性还是稳定性，都要比十字形要好。图1-47所示为不同轴数的X形布局。

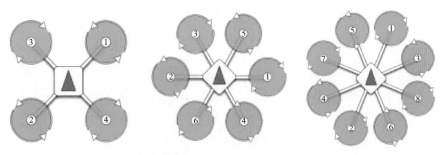

图1-47　不同轴数的X形布局

3. Y形

1）优点：动力组较少，成本低；外形炫酷，前方视线开阔。

2）缺点：尾旋翼需要使用一个舵机来平衡扭矩，增加了机械复杂性和控制难度。

4. H形

H形比较容易设计成折叠结构，拥有和X形一样的特点且操纵性更强。一般较小的机型比较偏好设计成H形的布局，尤其是现在比较流行的穿越机，如图1-48所示。

5. 其他布局

部分多旋翼会安装垂直尾翼，目的是增加高速前飞时的稳定性，但会减小悬停时的稳定

图1-48　穿越机

性，如图1-49所示；部分多旋翼机臂会设计成上反角，目的是增加悬停时的稳定性，如图1-50所示。

图1-49　安装垂直尾翼的多旋翼

图1-50　多旋翼机臂设计成上反角

6. 多旋翼 4/6/8 轴布局的区别

单纯从气动效率出发，旋翼越大，效率越高，同样起飞重量的四轴飞行器比八轴飞行器的效率高，故轴数越多载重能力不一定越大。但是，受电动机拉力和桨叶直径的影响，要达到目标起飞重量可能会优先选择增加轴数而减小单个动力参数的方案。

1.2.5 多旋翼结构布局

1. 无边框常规固定式

无边框常规固定式简单实用、强度好且质量轻。但是螺旋桨无保护装置，在飞行时不够安全。而且脚架影响机载设备视线。但是由于设计结构简单，大多数多旋翼无人机都采用这种结构，如图 1-51 所示。

2. 带边框常规固定式

带边框常规固定式无人机多用于体积较小的消费级无人机，采用这种结构能够很好地保护飞机和周围环境的安全，特别适合新手和在复杂环境中飞行使用。但是由于额外增加了重量，会缩短飞行时间，如图 1-52 所示。

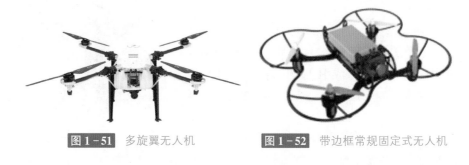

图 1-51 多旋翼无人机　　　图 1-52 带边框常规固定式无人机

3. 手动水平/垂直变形式

为了便于储存和运输，部分无人机设计成机臂可折叠的结构，这大大减小了运输体积，提高了运输效率。一般比较大的工业级无人机较常用到此类结构，如图 1-53 和图 1-54 所示。

4. 自动脚架收放式

此类结构多用在拍照类无人机上，因为收起脚架会大大改善机体下面摄像头的视野，同时也会减小风阻。但是由于增加了机械机构，有可能会增加故障率，如图 1-55 所示。

图 1-53 机臂可折叠结构

图 1-54 机臂展开

5. 自动整体变形式

此类结构现在只有大疆的"悟"系列无人机采用,在飞行中完成整体变形,变形后的无人机自带上反角结构,能够增加飞行的稳定性,同时脚架上升,改善了摄像头的视野,如图 1-56 所示。

图 1-55 自动脚架收放式

图 1-56 自动整体变形式

1.2.6 多旋翼的运动

多旋翼的运动模式主要有:垂直上升下降运动;绕多轴飞行器横轴俯仰运动;绕多轴飞行器纵轴滚转运动;绕多轴飞行器立轴偏航运动。

对于多轴飞行器而言,旋翼既是升力面又是纵向、横向和航向的操纵面,旋翼所有的运动都是通过改变旋翼速度来实现的。

1. 垂直升降运动

通过控制 4 个旋翼的转速产生升力实现垂直运动或者悬停,且 4 个螺旋桨转速必须一致,如图 1-57 所示。

2. 俯仰运动

多旋翼无人机的俯仰运动和固定翼的俯仰运动不同。固定翼无人机机头下俯,飞机向下飞行,机头上仰,飞机向上飞行。而多旋翼在做俯仰运动时，机头下俯，飞机向前飞行，机头上仰，飞机向后飞行。

横轴前后侧的螺旋桨转速不同，可实现俯仰运动。若要实现向后移动，则横轴前侧的螺旋桨加速，横轴后侧的螺旋桨减速，如图1-58所示。

3. 滚转运动

和多旋翼无人机的俯仰运动类似，多旋翼也可以实现滚转运动。当向左滚转时飞机向左平移，当向右滚转时飞机向右平移。

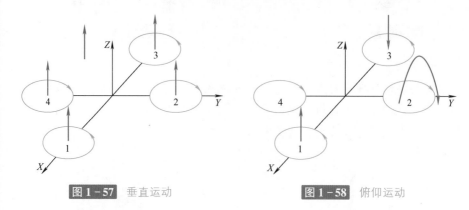

图1-57 垂直运动   图1-58 俯仰运动

纵轴左右侧的螺旋桨转速不同，可实现滚转运动。如实现向左移动则纵轴右侧的螺旋桨加速，纵轴左侧的螺旋桨减速，如图1-59所示。

4. 偏航运动

多旋翼无人机的偏航运动指的是机头方向的改变。

多轴飞行器的旋翼旋转方向一般为俯视多轴飞行器两两对应，相邻旋翼旋转方向则相反，当转速一致时，可抵消反扭力矩，如四旋翼飞行器上螺旋桨两两相对应。当相对的两个桨加速时，另两个桨减速，反扭力矩不平衡，飞机改变航向，如图1-60所示。

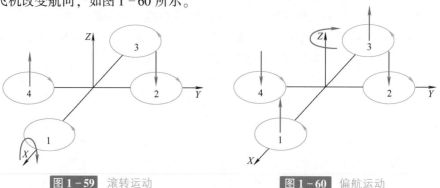

图1-59 滚转运动   图1-60 偏航运动

1.2.7 典型应用

目前，多旋翼无人机得到迅猛发展，称为无人机应用的主流机型，本小节就将多旋翼无人机在航拍和植保领域的应用做简单的介绍。

1. 航拍、航测

航拍又称为航空摄影，是记录拍摄对象及其所在地理环境的外部信息。航测又称为摄影测量与遥感，是获取有关目标的时空信息。

航拍多为影视服务，航测多为地理信息服务；航拍多使用摄像机，航测多使用高性能照相机；航拍多搭载三轴稳定云台，航测多搭载对地正摄云台或五目倾斜摄影云台。图 1-61 所示为航拍图片，图 1-62 所示为航测倾斜摄影原理。

图 1-61 航拍图片

图 1-62 航测倾斜摄影原理

相对于传统有人机航拍，多旋翼航拍的优势在于成本低很多、快速便捷、安全高效。多旋翼航拍系统的任务设备就是云台与拍摄器材。

（1）三轴稳定云台 三轴稳定云台接入无人机位置姿态信息，通过 3 个力矩电动机调整，保持航拍画面的姿态基准，这就是云台的稳定，如图 1-63 所示。

（2）摄影器材 多旋翼较为流行的微型拍摄器材为 GoPro 运动相机、单反相机或带相机的

图 1-63 三轴稳定云台

成品无人机。图 1-64 所示为运动相机。无人机的飞行速度影响航拍设备曝光，速度越快，越需要提高曝光度，保证正常曝光；拍摄夜景时，降低飞行速度，保证正常曝光；航拍过程中，为了保证画面明暗稳定，相机尽量设定为 ISO 固定。

（3）航拍时出现的果冻效应 针对拍摄快速移动物体产生的变形叫作果

图 1-64　运动相机

冻效应。数码相机有两种快门，即卷帘快门和全局快门。如果被拍摄无人机高速运动，用卷帘快门拍摄，逐行扫描速度不够，就会产生果冻效应。另外，拍摄物体或平台的高频振动，传递到摄像机也会产生果冻效应，此时应改善云台和电动机的减振性能。

（4）拍摄航线　无人机拍摄航线多种多样，主要有直线飞行、斜线飞行、定点悬停、跟随拍摄、定点绕飞和航线绕行等。

（5）多旋翼航拍注意事项

1）在运输过程中做好减振措施，固定云台并安装云台固定支架，装箱运输。

2）在规定空域使用，且起飞前提醒周边人群远离。

3）航拍过程中，监视器显示无人机电池电量过低后必须紧急返航。

4）低温及潮湿环境中作业时，飞行器与摄像器材防止冰冻、起飞前动力电池的保温，在温差较大的环境中拍摄要注意镜头的结雾。

5）拍摄日出日落时，摄像机白平衡应调整为低色温值以拍出正常白平衡画面。

6）当超出视线范围无法辨别机头方向时，云台复位通过图像确定机头方向或一键返航。

7）以拍摄主体为主，预先设定好曝光量，全自动拍摄；根据场景设置高 ISO 或低 ISO 来拍摄。

8）多轴飞行器正常作业受自然环境影响的主要因素是温度、风力，地面风速大于 4 级时作业，会对飞行器安全和拍摄稳定有影响。

9）多轴飞行器搭载前探式云台可以使拍摄角度实现全仰拍摄。

2. 农林植保

无人植保机是通过地面遥控，对农作物、林木进行药物喷洒的无人机系统，以直升机和多旋翼为主。图1-65所示为植保作业人员在进行农林植保作业。

（1）多旋翼植保的优势

1）采用无刷电动机为动力，无废气，无污染，整机尺寸小，重量轻，使用维护成本低。作业不受海拔、地形及稳定的影响限制，调校时间短，田间起降方便，出勤率高。

2）操纵简单，飞行灵活，对人员技术依赖性不高。

3）下沉气场均匀稳定，雾滴穿透性能好。图1-66所示为无人机喷洒农药。

图 1-65 植保作业人员在进行农林植保作业　　图 1-66 无人机喷洒农药

4）国家出台鼓励政策，且对作业人员的资质要求比较宽松。

（2）多旋翼植保作业注意事项

1）在高海拔地区，多轴飞行器出现较难离地时，最有效的应对措施是减重。

2）在高海拔、寒冷、空气稀薄地区，飞行负载不变，功率损耗增大，飞行时间减少。

3）旋翼机下降过程中，要先快后慢。

3. 通信中继

利用无人机作为空中通信中继接转平台，建立临时通信信道。此类应用场景主要使用系留类多旋翼无人机。

**系留类多旋翼
无人机**

**系留类多旋翼
无人机中继测试**

1.3　我国对无人机在学校发展的政策支持

2017 年 12 月，工业和信息化部印发了《关于促进和规范民用无人机制造业发展的指导意见》（以下简称《指导意见》）。据《指导意见》，到 2020 年，民用无人机产业持续快速发展，产值达到 600 亿元，年均增速 40% 以上；到 2025 年，民用无人机产值达到 1800 亿元，年均增速 25% 以上；产业规模、技术水平、企业实力持续保持国际领先势头，建立健全民用无人机标准、检测认证体系及产业体系，实现民用无人机安全可控和良性健康发展。

《指导意见》强调创新驱动，在产品、产业和安全 3 个层面开展技术创新，提升民用无人机的安全性和技术水平，推进统一管控平台建设，建立完善标准体系和检测认证体系，促进我国民用无人机制造业健康有序发展。

《指导意见》指出：支持有条件的普通高校和职业院校设立无人机相关专业，建立多层次、多类型的无人机人才培养和服务体系；鼓励企业引进国内外高层次技术人才，加强技能人才培训；鼓励高等院校、科研院所和企业合作，创新人才培养机制，加快培育无人机关键技术、安全管控等急需紧缺型专业人才，构建具有竞争力的高端人才队伍；鼓励企业与高校、科研机构等开展产学研用协同创新，围绕民用无人机动力系统、飞控系统、传感器等开展关键技术攻关，重点突破实时精准定位、动态场景感知与避让、面向复杂环境的自主飞行、群体作业等核心技术，开展小型化通用化载荷设备、高集成度专用芯片、长航时大载重/混合布局无人机研制；加快军工技术向民用转化，推动军工试验试飞、验证设施向民用无人机开放，促进有条件的民用无人机企业参与军品科研生产和维修服务。

"中国制造 2025" 规划要求推进无人机产业化快速发展。我国民用无人机产业起步晚、进步快。近年来，随着工业产业链配套的成熟，以及无人机技术的发展成熟，我国从单纯的生产加工制造转向自主研发，在民用无人机制造方面处于世界前列。我国的无人机产品在国际市场创造了奇迹，我国无人机厂商实现了由中国制造到中国创造的转型。民用无人机作为通用航空行业异军突起的"中国制造"代表性产业，随着行业应用的加速推广、消费领域的需求爆发以及新应用领域的拓展，无人机将是航空业最蓬勃发展的部分。

高等职业教育专业设置备案结果显示，目前我国有 229 所高等职业学校设立了专业代码为 560610 的无人机应用技术专业（数据截至 2019 年 2 月 18

日）。该项数据在 2018 年还是 158 所。这仅是高等职业学校的数据，我国中等职业学校以及部分本科院校设立无人机相关专业的也不在少数。

时至今日，对于一个领域来讲，无人机只能算是刚刚起步，还有很多方面等待完善。通过了解，你对无人机领域有什么建议或意见？有没有特别希望无人机在哪些行业快速发展？

复习思考题

1-1　请列举出 3 个国内无人机品牌。

1-2　简述什么是无人机。

1-3　简述什么是无人机系统。

1-4　按照平台，无人机可以分为哪几类？

1-5　你更喜欢哪种无人机？为什么？

1-6　无人机和航空模型有什么区别？

1-7　现在比较盛行的穿越机大赛是属于无人机大赛还是航空模型大赛？

1-8　你觉得无人机会在哪些领域得到推广和应用？

1-9　你毕业后想从事什么领域的工作？与无人机相关吗？

1-10　什么叫作多旋翼的轴？

1-11　多旋翼系统主要包含什么？

1-12　脚架的作用是什么？

1-13　请按照你的理解，说说为什么飞控又叫作自动驾驶仪。

1-14　飞控的内环都有什么传感器？各个传感器都有什么功能？

1-15　飞控的外环都有什么传感器？各个传感器都有什么功能？

1-16　请列举出两种开源飞控。

1-17　多旋翼的动力系统都包含什么？

1-18　电动机参数怎么表示？

1-19　2820 电动机和 3508 电动机各有什么特点？

1-20　电调上共有几根线？分别连接什么？

1-21　如果发现电调连接的电动机旋转方向是相反的，应该怎么做？

1-22　电调通过控制输入电动机的电压还是电流来控制电动机转速的？

1-23　说说电调都有什么作用。

1-24　6S6P10000mAh 电池一共有几根线？

1-25　6S6P10000mAh 25C 电池输出电流最大是多大？

1-26　6S6P10000mAh 电池额定功率是多少？

1-27　1050 螺旋桨和 9045 螺旋桨哪个直径更大？

1-28　螺旋桨上标明的 ccw 是什么意思？

1-29　多旋翼都有什么结构布局？

1-30　多旋翼的十字形有什么特点？一般什么情况下会选择这种布局结构？

1-31　多旋翼的 X 形有什么特点？一般什么情况下会选择这种布局结构？

1-32　多旋翼的 H 形有什么特点？一般什么情况下会选择这种布局结构？

1-33　四旋翼螺旋桨的旋转方向是怎么布局的？

1-34　如果六旋翼的一个电动机停转，为了修正旋翼平衡，做出相应停转动作的应该是哪个电动机？

1-35　Y 形布局的多旋翼是怎么平衡反扭力矩的？

1-36　常规无人机设计都采用无边框结构，请说说这种结构有什么优、缺点。

1-37　带边框结构最主要的作用是什么？

1-38　可折叠结构设计的目的是什么？

1-39　为什么有的多旋翼无人机需要在作业时收起脚架？

1-40　整体变形式无人机都有什么优点？

1-41　多旋翼的运动模式主要有哪些？

1-42　X 形四旋翼垂直上升时各个螺旋桨转速有什么变化？

1-43　X 形四旋翼垂直下降时各个螺旋桨转速有什么变化？

1-44　X 形四旋翼水平向前飞行时各个螺旋桨转速有什么变化？

1-45　X 形四旋翼水平向后飞行时各个螺旋桨转速有什么变化？

1-46　X 形四旋翼水平向左飞行时各个螺旋桨转速有什么变化？

1-47　X 形四旋翼水平向右飞行时各个螺旋桨转速有什么变化？

1-48　X 形四旋翼原地向左旋转时各个螺旋桨转速有什么变化？

1-49　X 形四旋翼原地向右旋转时各个螺旋桨转速有什么变化？

1-50　除了航拍和植保，你还知道无人机有哪些应用？

1-51　以你的理解，航拍和航测有什么不同？

1-52　无人机在航拍过程中都有什么注意事项？

1-53　无人机植保作业与传统作业相比有什么优势？

第**2**章
无人机系统组成

简单来讲，凡是和无人机相关的都可以并入无人机系统，主要包括操作人员、航空器、地面系统、任务载荷和数据链路系统等。

2.1 操作人员

按照不同的操作距离，操作人员分为视距内驾驶员、超视距驾驶员、教员 3 个等级。无人机主要靠地面操作人员通过遥控器或者地面控制站操控无人机进行飞行，并根据机型和任务的不同选择不同的操作方式。

2.1.1 视距内驾驶员

能够在视距内操控无人机飞行的驾驶员叫作视距内驾驶员。视距内飞行指的是以操作人员为圆心，在半径为 500m、高度为 120m 的空间范围内飞行。图 2-1 所示为视距内驾驶员日常训练。

图 2-1 视距内驾驶员日常训练

2.1.2 超视距驾驶员

不仅可以操控无人机在视距内飞行，而且可以超视距飞行的驾驶员，叫作超视距驾驶员。超视距飞行指的是以操作人员为圆心，在半径为500m、高度为120m的空间范围外飞行。图2-2所示为超视距驾驶员在学习地面操控课程。

图2-2 超视距驾驶员在学习地面操控课程

2.1.3 教员

具有带飞资质，可以指导学员进行超视距飞行，并且可以在其飞行经历记录本上签字证明其飞行经历的无人机操作人员叫作教员。图2-3所示为教员在外场指导学员。

图2-3 教员在外场指导学员

2.1.4 遥控器操作

一般无人机的起降阶段都是由遥控器进行操控的，但是随着科技的发展，飞行操控的稳定性和智能程度越来越高，大有地面站操控代替遥控器操控的趋势。

除了起降阶段，视距内飞行也都是由遥控器进行操控的。

现在比较常见的视距内飞行的案例，主要有无人机培训训练、航拍、电力巡线操作。图2-4所示为无人机植保作业，

图2-4 无人机植保作业

图 2-5 所示为无人机飞手在进行航拍取景。

遥控器操作

图 2-5 无人机飞手在进行航拍取景

2.1.5 地面控制站操作

地面控制站操作主要是指操作人员不通过遥控器，而是直接通过地面控制站操控无人机飞行，大有完全替代遥控器飞行的趋势。

地面控制站操控无人机飞行主要应用在超视距飞行阶段，或者需要应用地面站进行航线规划的行业应用上，主要有无人机地面站培训、航测、超远距离监测等。

2.2 航空器

航空器分为有人航空器和无人航空器，而无人航空器其实就是无人机。航空器依据获得升力的方式不同可以分为两大类：一类是轻于空气的航空器，依靠空气的浮力飘浮于空中，如热气球、飞艇等；另一类是重于空气的航空器，包括非动力驱动和动力驱动两种类型。无人机系统所使用的航空器，一般都是重于空气的航空器。

从飞行平台本身的技术来讲，无人机和有人机并无本质上的区别，都是应用最基本的空气动力学原理，而且很多无人机都借鉴了有人机的设计特点。但是相比于有人机，无人机有很多特别之处，主要体现在以下方面。

1）无人机上没有驾驶员在飞机里进行操控，省去了驾驶舱，使得平台规模可以做得更小。

2）通过核算成本，可以考虑一个比较合适的使用寿命。

3）可靠性指标比较宽松，不需要考虑人的因素。

4）对场地和机务的要求比较低，一般都是飞手自行对无人机进行常规保养。

5）训练可以依赖模拟器，节省成本。

6）第三视角飞行，而且主要是在地面观察飞行情况。

按照飞行平台，无人机可以分为固定翼无人机平台、旋翼无人机平台、变模态无人机平台和扑翼机无人机平台等。

2.2.1 固定翼无人机平台

固定翼无人机即平常所看到的飞机，它的机翼是固定不动的，由飞机上安装的发动机或者螺旋桨产生前进的推力或者拉力，机翼产生升力。图 2-6 所示为手抛起飞的固定翼无人机。

固定翼无人机
的安装

图 2-6　手抛起飞的固定翼无人机

常规固定翼无人机主要的机体结构包括机身、机翼、尾翼、起落架、发动机、舵机等。

（1）机身　机身的主要功能是连接并承载机体的各个结构，是整个飞机的安装基础。同时，机身也是主要设备的挂载仓。

（2）机翼　机翼是固定翼无人机产生升力的部件，机翼上安装着可以操纵的调整机构，如副翼、襟翼、调整片等，用来调整左右两侧机翼所受升力和阻力的大小，控制无人机飞行。

（3）尾翼　尾翼是安装在固定翼无人机尾部，用来配平和操纵无人机飞行的结构部件，主要分为水平尾翼和垂直尾翼。有些固定翼无人机会有些结构的变化，尾翼设计成向上的 V 形或者向下的 V 形。

（4）起落架　起落架是固定翼无人机用来支撑飞机停放、起飞、降落的

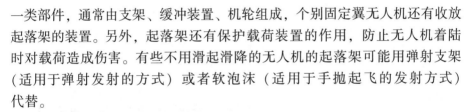

一类部件，通常由支架、缓冲装置、机轮组成，个别固定翼无人机还有收放起落架的装置。另外，起落架还有保护载荷装置的作用，防止无人机着陆时对载荷造成伤害。有些不用滑起滑降的无人机的起落架可能用弹射支架（适用于弹射发射的方式）或者软泡沫（适用于手抛起飞的发射方式）代替。

（5）发动机　发动机是固定翼无人机的动力系统，常规应用的固定翼无人机多用活塞式发动机或者电动机，前拉式、尾推式、双发式均有应用，有些航空模型用固定翼也会采用涡喷发动机。

（6）舵机　是指在自动驾驶仪中操纵飞机舵面（操纵面）转动的一种执行部件，分为两种：

1）电动舵机：由电动机、传动部件和离合器组成，接收自动驾驶仪的指令信号而工作。

2）液压舵机：由液压作动器和旁通阀组成。

此外，还有电动液压舵机，简称"电液舵机"。

舵机测试

2.2.2 旋翼无人机平台

旋翼无人机平台，即无人机通过旋翼转动获得升力，从而实现各种运动的一类无人机平台。根据旋翼数量的不同，旋翼无人机可以分为直升机和多旋翼两大类。

1. 直升机

直升机平台通常是由一个水平旋转的旋翼提供升力和推力而进行飞行的航空器。和固定翼相比，直升机具有可以垂直升降、可以悬停、可以小速度前飞或后飞等特点，这些特点让直升机在某些特定的行业得到广泛应用。但是，直升机也具有飞行时长较短、航程较短等缺点。图2-7所示为各种型号的直升机。

直升机

图2-7　各种型号的直升机

直升机产生升力的原理和固定翼的机翼是一样的，但是运行的方式不一样。固定翼的机翼是固定不动的，通过飞行器向前飞行而产生机翼与气流的相对运动从而产生升力。但是，直升机是由旋翼旋转产生旋翼与气流的相对运动，进而产生升力的。和固定翼产生升力不同的是，直升机在产生升力的同时，也产生了一个和旋翼旋转方向相反的反扭力，这个力可以使直升机机体产生自旋，为了克服自旋现象，需要在机尾增加一个小的旋翼，即尾翼。图2-8所示为直升机执行作业任务前的检查。

图2-8　直升机执行作业任务前的检查

2. 多旋翼

多旋翼无人机是一种具有3个及以上旋翼轴的直升机。和直升机相比，它具有以下特点。

1）直升机通过调节螺距改变升力，多旋翼通过改变每个旋翼的转速改变升力。

2）直升机需要尾桨抵消反扭力，多旋翼的反扭力可以通过两两旋翼相互抵消。

3）直升机结构复杂，多旋翼结构简单。

4）直升机飞行速度快、机动性好，多旋翼飞行速度慢、比较平稳。

5）直升机翼尖速度大、冲击力大，多旋翼翼尖速度较小、冲击力小。

总之，发展到今天，越来越多的直升机工作被多旋翼所替代，多旋翼慢慢地成为飞行的主要机型。图2-9所示为正在作业的多旋翼无人机。以前航拍一般都是有人机航拍或者大型无人机挂载摄像机航拍，而现在多旋翼无人机越来越多地应用到航拍工作中。

图2-9　正在作业的多旋翼无人机

2.2.3　变模态无人机平台

变模态无人机平台既有固定翼平台的特点，又有旋翼平台的特点，这里特指近几年兴起的机型——垂直起降固定翼无人机平台。

顾名思义，垂直起降固定翼无人机是一款能够垂直起飞和降落，但是又拥有固定翼飞行平台特点的一款无人机。由于其兼具多旋翼和固定翼的特点，作业时对起降场的要求较低，作业载重量大，航行时间长，深受行业用户尤其是航测领域用户的青睐。图2-10所示为一款翼展达到3m的垂直起降固定翼无人机。

图2-10　翼展达到3m的垂直起降固定翼无人机

2.2.4　扑翼机无人机平台

扑翼机无人机平台是指通过像鸟类那样上下扑动翅膀而产生升力的一种航空器，属于仿生学的机械。由于其涉及工程力学和空气动力学的问题太过复杂，很少有市场化的扑翼机被应用，目前仍然处于实验室阶段。图2-11所示为青少年教育使用的扑翼机教具。

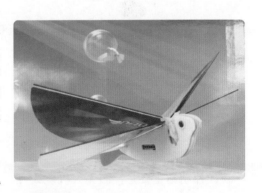

图2-11　青少年教育使用的扑翼机教具

2.3　地面系统

地面系统主要是指遥控器和地面控制站，有条件的团队还包括配备的地勤人员。

2.3.1　遥控器

遥控器是由驾驶员操纵，能够控制无人机起降和飞行的遥控设备。市场上常见的遥控器控制原理都是一样的，主要使用2.4GHz发射频率，配套使用一个接收机，能够接收遥控器发射的信号。

控制无人机最少需要 4 个通道，这样才能够保证无人机正常飞行。有的遥控器设置了很多备用开关，用户可以自定义功能。图 2 - 12 所示为各种样式的遥控器。

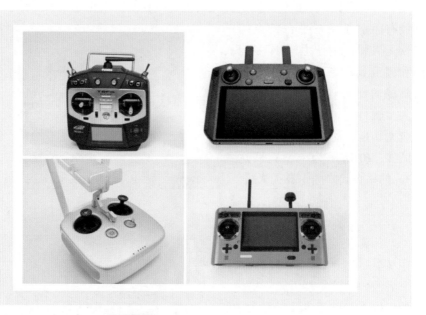

图 2 - 12　各种样式的遥控器

2.3.2　地面控制站

地面控制站主要是控制无人机航线飞行，一般行业应用较多，并可以实时监测无人机的状态。地面控制站品类很多，没有一个统一的标准，一般一款飞控对应一款地面站软件，软件还分为 App 版和 PC 版。地面控制站主要需要两大硬件：一是可以安装软件的计算机、手机等载体；二是地面电台，可以通过电台向无人机发射控制信号。图 2 - 13 所示为地面控制站。

图 2 - 13　地面控制站

2.3.3 地勤配备

有些特殊的任务团队会配备一定数量的地勤人员，比如航拍团队会配备一名观察员，主要负责观察无人机飞行时是否容易发生危险，同时维护地面秩序；植保团队也会配备一些地勤人员，主要负责无人机的加药、更换电池以及清洁无人机等。图2-14所示为地勤人员正在给植保无人机更换电池。

图2-14 地勤人员正在给植保无人机更换电池

2.4 任务载荷

任务载荷应该按行业分类。随着无人机在行业应用的发展，越来越多的载荷类型被开发出来，越来越多的行业投入无人机的使用。

2.4.1 航拍

航拍即航空拍摄或者航空摄影，是指在空中拍摄画面。在无人机诞生以前，航拍主要由载人直升机或热气球完成，有些航空模型爱好者也曾经用航空模型直接挂相机的方式进行航拍。航拍无人机的诞生，尤其是大疆无人机的第一代航拍产品——精灵的问世，彻底改变了航拍方式，越来越多的无人机航拍被应用，无论电影、电视、广告的拍摄，大型晚会、大型体育赛事的直播，还是快手、抖音等App视频的录制，或者政府人员空中执法取证，都离不开航拍无人机。

挂载设备主要是可见光吊舱，如大疆的X5云台相机、零度的10倍变焦云台相机。图2-15所示为航拍用变焦云台相机。

航拍

航拍马拉松

图2-15 航拍用变焦云台相机

2.4.2 航测

航测，现在也叫作摄影测量与遥感，属于测绘科学中的遥感科学。无人机航测可广泛应用于国家重大工程建设、灾害应急与处理、国土监察、资源开发、新农村和小城镇建设等方面，尤其在基础测绘、土地资源调查监测、土地利用动态监测、数字城市建设和应急救灾测绘数据获取等方面。

无人机航测时主要挂载的载荷有正摄相机、倾斜摄影相机、激光雷达等。图 2-16 所示为倾斜摄影相机云台。

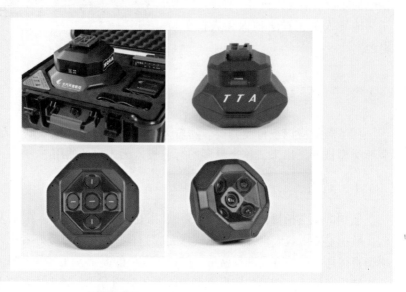

图 2-16 倾斜摄影相机云台

2.4.3 农林植保

农林植保是指利用无人机对农作物或森林植被进行药物或肥料喷洒，以达到保护作物不受病虫侵害的目的。无人机植保目前在我国应用非常广泛，尤其以东北平原、华北平原、新疆生产建设兵团的应用发展最为迅速。

农林植保无人机主要挂载的载荷是药箱和喷杆，无人机可以通过水泵把农药均匀地喷洒到叶面上。现在又有一种新型的植保类无人机，能够使农药以弥雾的形式到达植物叶面上。图 2-17 所示为弥雾植保无人机，图 2-18所示为水剂植保无人机。另外，还有粉剂、油剂类植保无人机。

植保（弥雾）

植保（施肥播种）

2

图 **2 - 17** 弥雾植保无人机

植保无人机测试

图 **2 - 18** 水剂植保无人机

2.4.4　环境监测

　　目前，环境监测主要有两方面的应用，即河道监测和大气环境监测。河道监测主要是无人机沿河道飞行，绘制河道及周围环境的图像，和航空测绘有一定的交叉；大气环境监测是指无人机上挂载空气监测载荷，然后升空到一定高度，监测该位置的大气环境。图 2 - 19 所示为多旋翼平台挂载激光雷达设备。

红外热成像

图 **2 - 19** 多旋翼平台挂载激光雷达设备

2.4.5 电力

无人机在电力行业的主要应用是电力巡线，其中包含巡线、巡塔、巡太阳能板，应用的吊舱有可见光吊舱、可见光高倍吊舱、红外吊舱。图 2-20 所示为电力清障无人机。

图 2-20 电力清障无人机

2.4.6 安防

安防系统应用比较广泛，武警、交警、公安、救援队等都有可能用到，载荷都针对应用场景开发，有喊话、救援、照明、发射灭火弹或烟雾弹、监测、跟踪等。图 2-21 所示为无人机上挂载喊话设备和可见光监控吊舱。

图 2-21 无人机上挂载喊话设备和可见光监控吊舱

安防（催泪弹、彩烟弹）

安防（警用安防协同抓捕）

安防（固定翼跟踪拍摄）

2.5 数据链路系统

数据链路系统负责完成对无人机系统遥控、遥测、跟踪定位和传感器数据传输。数据链路分为上行链路和下行链路。图 2-22 所示为无人机使用的上、下行链路的地面端。上行链路是指将地面操作人员动作指令传送给无人机，实现对无人机的遥控。图 2-23 所示为上行链路的地面端。下行链路就是通常所说的图传系统，将任务载荷收集到的数据传送给地面，实现地面控制人员对任务的实时监控。图2-24所示为无人机图传下行链路的图像采集摄像头。另外，还有一条地面站与无人机双向数据传送链路。普通无人机大多采用定制视距数据链，而中高空、长航时无人机则都会采用"视距数据链"甚至是"超视距卫星通信数据链"。图2-25所示为无人机上安装的GPS天线，主要是和卫星进行通信，也可以算作链路的一种。

图2-23　上行链路的地面端

图2-22　无人机使用上、
下行链路的地面端

图2-24　无人机图传下行链路
的图像采集摄像头

图2-25　无人机上安装的GPS天线

无人机视距数据链，可以在无线电视距内完成对无人机及其任务荷载的遥控、遥测、跟踪定位和信息传输任务。现有的（如 LINK）和新型的（如 TTNT）数据链虽然功能强大，但由于地球表面弯曲，使用视距方式进行无线电波数据传输的有效距离受到限制。若要进行超视距通信，除采用较不可靠的 HF 波段利用热层传播外，较好的方式是利用卫星作为通信中继站，将信息传送到视距以外的地方。无人机数据链未来向着高速、宽带、保密、抗干扰的方向发展。随着机载传感器、定位的精细程度和执行任务的复杂程度不断上升，对数据链的带宽提出了很高的要求，随着机载高速处理器的突飞猛进，预计几年后现有射频数据链的传输速率将翻倍，还可能出现激光通信等方式。网络化趋势是未来无人机发展的热点之一。如果充分发挥无人机数据链宽带、高速的特点，可在无人机巡航期间，使无人机平台成为网络中的一个节点，通过它连接到"全球信息栅格"的多个节点中去，充当网络路由器。

　　目前，世界上无人机的频谱使用主要集中在 UHF、L 和 C 波段上，其他频段也有零散分布。我国初步制定了无人驾驶航空器系统频率使用事宜，其中规定如下。

　　1）840.5～845MHz 频段可用于无人驾驶航空器系统的上行遥控链路。其中，841～845MHz 也可采用时分方式用于无人机系统的上行遥控和下行遥测信息传输链路。

　　2）1430～1444MHz 频段可用于无人驾驶航空器系统下行遥测与信息传输链路。其中，1430～1438MHz 频段用于警用无人驾驶航空器和直升机视频传输，其他航空器使用 1438～1444MHz 频段。

　　3）2408～2440MHz 频段可作为无人驾驶航空器系统上行遥控、下行遥测与信息传输链路的备份频段。相关无线电台在该频段工作时不得对其他合法无线电业务造成影响，也不能寻求无线电干扰保护。

　　通过学习，已经对无人机有了初步的了解，请大家试着多了解你所关注的领域，搜索相关的视频或者图片，在同学之间进行分享。从现在开始积累，为以后的工作进行知识储备。

复习思考题

2-1　无人机系统都包含什么？

2-2　按照执照等级，无人机从业人员分为哪几类？

2－3　视距内驾驶员和超视距驾驶员有什么区别？请举例说明。

2－4　无人机都可以用什么进行操作？

2－5　按照获得升力的方式不同，航空器是怎么划分的？

2－6　相比于有人机，无人机有什么优点？

2－7　简单说明直升机和多旋翼的区别。

2－8　除了垂直起降固定翼，你还知道其他的变模态无人机吗？

2－9　地面系统主要包含哪几部分？

2－10　无人机现在主要有哪些行业应用？

2－11　每个行业都适合使用哪些平台的无人机？为什么？

2－12　除了书中讲到的，你还知道哪些行业的无人机应用？

2－13　航拍主要的用处有哪些？

2－14　航测主要的用处有哪些？

2－15　环境监测的主要用处有哪些？

2－16　安防的主要用处有哪些？

2－17　数据链路传输系统的作用是什么？

2－18　数据链路传输系统分为哪3条链路？

2－19　哪些频段可用于无人机系统的上行遥控链路？

2－20　哪些频段可用于无人机系统下行遥测与信息传输链路？

2－21　哪些频段可作为无人机系统上行遥控、下行遥测与信息传输链路的备份频段？

第 3 章
飞行原理与性能

想要真正懂得无人机，必须了解其正常飞行的原理，这是无人机飞行的基础。无人机飞行原理与有人机相同，都是利用空气动力特性。

3.1　空气动力学基础

空气动力是无人机原理的基础，主要研究气体在无人机表面的流动及产生升力（动力）的原理，是飞行原理的核心知识点。

3.1.1　大气特性

大气是无人机运行的空间环境，研究大气特性对了解无人机至关重要。

1. 大气的垂直分层

大气在垂直空间呈现层状结构，由于地球引力的作用，越往高的地方空气密度越低，具体分为对流层、平流层、中间层、热层和外逸层。

对流层因为空气有强烈的对流运动而得名。它的底界为地面，上界高度随纬度、季节、天气等因素而变化，一般低纬度地区上界高度为 17~18km，中纬度地区上界高度为 10~12km，高纬度地区上界高度为 8~9km。同一地区，对流层的上界高度夏季大于冬季。

对流层的主要特征如下。

1）气温随高度升高而降低，平均气温垂直递减率为 0.65℃/100m。

2）气温、湿度的水平分布很不均匀，主要受地表性质影响。

3）空气具有强烈的垂直混合趋势。底层暖空气有上升趋势，上层冷空气有下降趋势。

按气流和天气现象分布的特点，对流层可分为上、中、下 3 个层次。

对流层下层（离地 1500m 以下），空气运动受地形扰动和地表摩擦作用最大，气流混乱，又称为摩擦层；对流层中层（1500~6000m），气流相对平稳，云和降水大多生成于这一层；对流层上层（6000m 到对流层顶），受地表影响更小，水汽含量很少。

一般的无人机只能够在对流层飞行，民航客机和战斗机可以在平流层飞行。图 3-1 所示为大气的垂直分层。

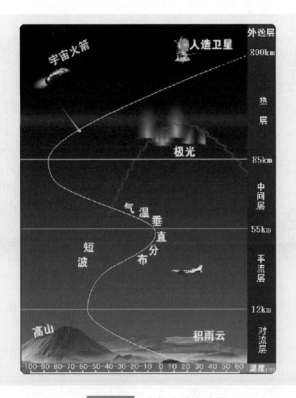

图 3-1　大气的垂直分层

2. 国际标准大气

为了准确描述飞行器的飞行性能，就必须建立一个统一的标准，即标准大气。图 3-2 和图 3-3 所示分别为不同情况下的大气。国际标准大气规定如下。

1）大气被看成完全气体，服从气体状态方程。

2）以海平面的高度为零，且在海平面上，大气标

图 3-2　不同情况下的大气（一）

准状态如下。

① 气温 $T = 15℃$。

② 压强 p 为 1 个标准大气压（101325Pa）。

③ 密度 $\rho = 1.2250 kg/m^3$。

④ 音速 $a = 341 m/s$。

图 3-3 不同情况下的大气（二）

　　研究大气中的气象现象时，可将大气看作一种混合物，它由 3 个部分组成，即干洁空气、水汽和大气杂质。干洁空气主要由 78% 的氮气、21% 的氧气以及 1% 的其他气体组成，在构成干洁空气的成分中，对大气影响较大的是二氧化碳和臭氧。图 3-4 所示为干洁空气的主要成分。水汽的主要来源是地球表面的水分蒸发和植物叶面的蒸腾。图 3-5 所示为空气中水汽的获取形式。

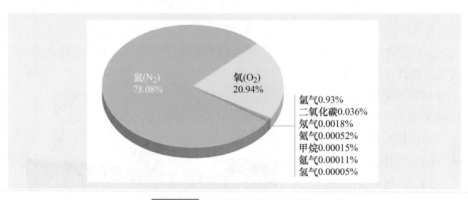

图 3-4 干洁空气的主要成分

图 3-5 空气中水汽的获取形式

3. 大气的状态参数和状态方程

大气状态参数和状态方程是研究气体随周围环境变化所发生变化趋势的依据，当环境中某一因素发生变化时，大气状态肯定会随之发生改变。

大气状态方程为

$$p = \rho R T$$

式中　p——压强（Pa）；

　　　ρ——大气密度（kg/m^3）；

　　　T——大气的绝对温度（K），和摄氏温度℃之间的关系为 $T = t + 273.15$；

　　　R——大气气体常数，$R = 287.05 J/(kg \cdot K)$。

4. 大气特性

大气的特性主要表现为大气的连续性、可压缩性和黏性。

1）气体的连续性。当航空器在空气介质中运动时，由于其外形尺寸远远大于气体分子的自由行程，故在研究航空器和大气之间的相对运动时，气体分子之间的距离完全可以忽略不计，即把气体看成连续的介质。

2）气体的可压缩性。当气体的压强改变时，其密度和体积改变的性质叫作气体的可压缩性。当气体流速很小时，压强和密度变化很小，可以不考虑大气压缩性的影响。但当流速较高时，气体压强和密度变化很明显，必须考虑气体压缩性。

在飞行器飞行过程中，常常把马赫数作为衡量空气受到压缩程度的指标。图 3-6 所示为飞机超音速飞行时的音爆。

马赫数方程为

$$Ma = \frac{v}{a}$$

式中　　v——飞机飞行的速度；

　　　　a——飞机飞行高度处的音速。

两者之间的关系为：飞行器飞行速度越大，马赫数就越大，飞行器前面的空气就压缩得越厉害。根据马赫数，可以将飞行器飞行速度划分为以下几种。

图3-6　飞机超音速飞行时的音爆

① $Ma \leqslant 0.4$：低速飞行，不考虑空气压缩性，将密度看作常数。

② $0.4 < Ma \leqslant 0.85$：亚音速飞行，空气压缩程度大，考虑空气密度变化。

③ $0.85 < Ma \leqslant 1.3$：跨音速飞行，出现激波，气体物理性质在激波前后突变。

④ $1.3 < Ma \leqslant 5.0$：超音速飞行。

⑤ $Ma > 5.0$：超高音速飞行。

3）气体的黏性。大气的黏性是空气在流动过程中表现出的一种物理性质。大气的黏性力是相邻大气层之间相互运动时产生的牵扯作用力，也叫作大气内摩擦力。它和相邻流动层的速度差和接触面积成正比，与相邻层的距离成反比。不考虑黏性的流体称为理想流体或无黏流体。

3.1.2　牛顿运动定律

1. 牛顿第一定律

牛顿第一定律也叫作惯性定律，说的是：如果一个物体处于平衡状态，那么它就有保持这种平衡状态的趋势。所有施加在平衡物体上的外力都是平衡的，那么物体上不会有任何改变其状态或往任何方向加速或减速的趋势存在。

牛顿第一定律的平衡包含3种状态。

1）静态平衡。物体静止不动。图3-7所示为飞机保持静止状态。

2）动态平衡。物体水平匀速直线运动。图3-8所示为飞机保持水平匀速直线运动。物体以恒定的速度爬升、俯冲或

图3-7　飞机保持静止状态

滑翔。图3-9所示为飞机保持匀速爬升或者匀速俯冲。

图3-8 飞机保持水平匀速直线运动

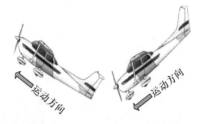

图3-9 飞机保持匀速爬升或者匀速俯冲

平衡是事物一种非常普遍的状态,不稳定运动状态与稳定运动或者静止状态的情况不同之处就是多了加速度。

2. 牛顿第二定律

牛顿第二定律的内容是 $F = Ma$,即物体的加速度跟物体所受的合外力成正比,跟物体的质量成反比,加速度的方向跟合外力的方向相同。

牛顿第二定律表明,要获得给定加速度所施加的力的大小取决于无人机的质量。一个具有很大质量的物体需要用更大的力去打破它的平衡才能达到给定的加速度,而小质量的物体所需的力则小。图3-10所示为飞机受推力作用做加速运动。

力的分解:将一个力化作等效的两个或两个以上的分力。一个飞行器受到许多施加在它每个部分的力的影响,但是所有这些力都可以按方向分成4个力。图3-11所示为飞机螺旋桨拉力的分解。

图3-10 飞机受推力作用做加速运动

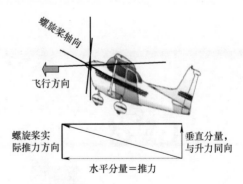

图3-11 飞机螺旋桨拉力的分解

3.1.3 伯努利定理

伯努利定理是研究空气动力的基础，升力的产生主要是应用伯努利定理进行标定的。

1. 空气的相对运动原理

空气不动、飞机飞行时作用在飞机上的空气动力，与飞机不动、空气吹过时作用在飞机上的空气动力是等效的。图 3 - 12 所示为风洞实验室，就是应用空气的相对运动原理工作的。

图 3 - 12 风洞实验室

这种飞机和空气的相对运动速度就是飞机飞行的空速。研究飞行原理时应用到的速度都是空速。与空速相对应的速度是地速。地速是飞机在地面投影的速度，也就是通常意义上的"真实速度"，GPS 测得的速度都是地速。图 3 - 13 所示为 GPS 的工作原理。

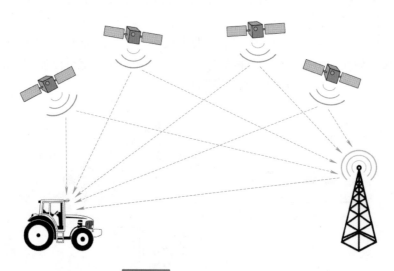

图 3 - 13 GPS 的工作原理

2. 流体的连续性定理

流体的连续性定理即质量守恒定律，说的是当流体连续流动时，单位时间内流过不同剖面的流体质量相同，故剖面面积与速度成反比，如图 3－14 所示。

同一流管内，不同剖面形状，有

$$S_1v_1 = S_2v_2 = 常数$$

3. 伯努利方程

伯努利方程的使用条件必须是理想

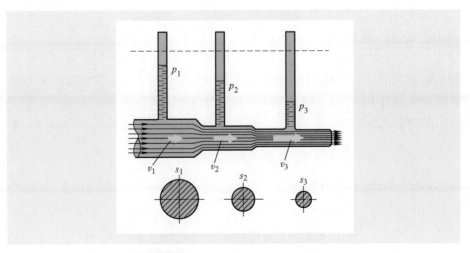

图 3－14 剖面面积与速度成反比

的、不可压缩的、与外界无能量交换的流体。流体的伯努利方程，适用于液体流体和气体流体。

伯努利方程为

$$p_静 + \frac{1}{2}\rho v^2 = p_总$$

式中 $p_静$——流体的静压，静压作用在所有的方向；

ρ——流体的密度；

v——流体的相对速度；

$\frac{1}{2}\rho v^2$——流体的动压，动压作用在流体流动的方向上；

$p_总$——流体的总压。

伯努利方程实质是能量守恒定律，即静压代表的势能和动压代表的动能之间可以相互转化，但它们总量保持不变。图 3－15 所示为流体伯努利方程的应用形式。

图 3－15 流体伯努利方程的应用形式

4. 伯努利定理

由伯努利方程可以得出伯努利定理。即：对于低速流体，流速越大，压强越小；流速越小，压强越大。这里的压强指的是静压，要求必须是低速流体是因为如果流体为气体流体，高速状态下会发生比较明显的压缩，而伯努利方程适用的理想流体是不可压缩的。图 3-16 所示为利用伯努利定理的固定翼飞机。

图 3-16 利用伯努利定理的固定翼飞机

3.2 飞行原理

由于固定翼飞机的机翼是固定不动的，机翼和气流的相对运动方向呈直线形，所以飞行原理的研究模型选用的是固定翼。图 3-17 所示为固定翼机翼的气流模型。

3.2.1 升力的产生

通常情况下，固定翼飞机的机翼上表面凸起较多，而下表面比较

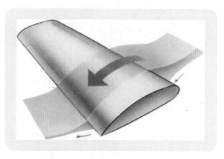

图 3-17 固定翼机翼的气流模型

平直，再加上一定的迎角，这样，从前缘到后缘，上翼面的气流流速就比下翼面的流速快，上翼面的静压也就比下翼面的静压低，上、下翼面的压力差产生向上的升力。图 3-18 所示为机翼上升力产生示意图。

升力公式为

$$L = C_L \frac{\rho v^2}{2} S$$

式中　L——升力（N）；

C_L——升力系数；

$\frac{\rho v^2}{2}$——流体的动压（Pa）；

S——机翼的投影面积（m²）。

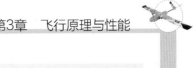

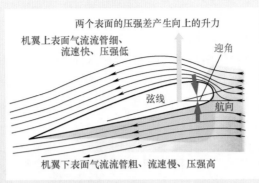

两个表面的压强差产生向上的升力

机翼上表面气流流管细、流速快、压强低

迎角

弦线

航向

机翼下表面气流流管粗、流速慢、压强高

图 3-18 机翼上升力产生示意图

1. 翼型

机翼的升力系数受翼型的影响极大，在一定程度上受机翼弯度和厚度的影响。图 3-19 所示为 6 种基本的翼型。

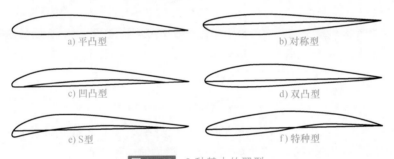

a) 平凸型　　　　　　　　　　　　b) 对称型

c) 凹凸型　　　　　　　　　　　　d) 双凸型

e) S型　　　　　　　　　　　　　f) 特种型

图 3-19 6 种基本的翼型

1）翼弦：机翼剖面前缘到后缘的连线，其长度称为弦长，通常用 b 来表示，如图 3-19 所示。

2）厚度：以翼弦为基础作垂线，每条垂线在翼型内的长度即为该处的翼型厚度，用 c 表示。其中，最大厚度为 c_{max}，相对厚度为 c_{max}/b，如图 3-20 所示。

3）弯度：所有厚度线中点的连线叫作中弧线，中弧线与翼弦之间的最大距离叫作翼型的最大弯度，用 f_{max} 表示。相对弯度 $= f_{max}/b$。

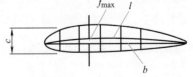

图 3-20 翼剖面的特性参数

l—中弧线　c—翼剖面最大厚度　b—翼弦弦长

f_{max}—翼型的最大弯度

2. 机翼的投影面积 S

机翼的投影面积和机翼面积不是
一个概念,投影面积是指机翼面积在水平分量上的值。

1)翼展:机翼翼尖两端点之间的距离,也叫作展长,用 L 表示。

2)展弦比:翼展长度与平均弦长之比叫作展弦比。由于飞机机翼不是
一个规则的形状,所以在机翼各个位置的弦长不是一个定值,需要取一个平
均弦长,如图3-21所示。

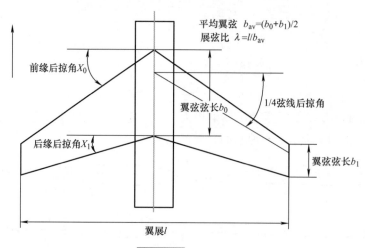

平均翼弦 $b_{av}=(b_0+b_1)/2$
展弦比 $\lambda=l/b_{av}$

前缘后掠角X_0

1/4弦线后掠角

翼弦弦长b_0

后缘后掠角X_1

翼弦弦长b_1

翼展l

图 3-21 展弦比

3)后掠角:机翼1/4弦线与垂直于机身中心线的直线之间的夹角叫作
后掠角。后掠角能够提高飞机的机动性,增加航向稳定性。

3. 迎角

1)迎角:机翼弦线与相对气流之间的夹角叫作迎角,又称为攻角,通
常用 α 表示。迎角会影响升力系数。

2)驻点:机翼上空气与前缘相遇的地
方称为驻点,驻点处空气相对于机翼的速
度减小到零。对称机翼相对来流仰头旋转
一个迎角,驻点稍稍向前缘的下表面移动,
如图3-22所示。

对于某种翼型来说,可以通过试验来获
取升力系数与迎角的关系曲线,即 C_L-α 曲
线。值得注意的是,曲线和翼型是一一对

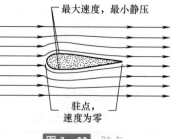

最大速度,最小静压

驻点,
速度为零

图 3-22 驻点

应的,不能几个翼型共用一条曲线,也不能一种翼型对应几条曲线。

$C_L - \alpha$ 曲线中,对应于升力系数等于零的迎角称为零升迎角;对应于最大升力系数处的迎角称为临界迎角或失速迎角,如图 3-23 所示。

当飞机的迎角小于临界迎角时,升力系数随迎角的增大而增大;在迎角超过临界迎角后,迎角增大,升力系数却急剧下降,这种现象称为失速。

4. 失速

失速指的是飞机以大于临界迎角飞行,升力急剧下降。飞机刚进入失速的速度称为失速速度。失速速度越大,越容易失速。

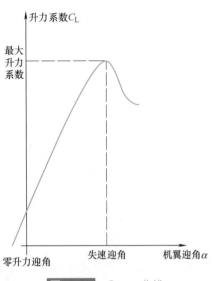

图3-23 $C_L - \alpha$ 曲线

失速的直接原因是由于迎角过大且超过临界迎角,造成机翼上表面附面层大部分分离。出现失速时,飞行员应该立即推杆到底,减小迎角。图 3-24 所示为飞机失速的情形,图 3-25 所示为飞机机翼失速时气流的情况。

图3-24 飞机失速的情形

图3-25 飞机机翼失速时气流的情况

3.3 阻力

飞机在飞行过程中,除了受到升力的作用外,还受到阻力的作用。值得注意的是,升力的方向是垂直于机翼平面向上的,而阻力是和物体运动方向相反的。所以,升力和阻力不是一对相互作用力,如图 3-26 所示。

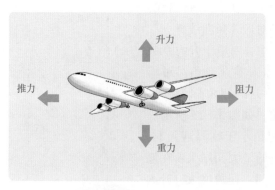

图 3－26 升力和阻力

3.3.1 阻力公式

影响飞机阻力的因素有机翼、机身表面积、相对速度、空气密度、机翼表面粗糙度等。

阻力方程为

$$D = C_D \frac{\rho v^2}{2} S$$

式中　D——阻力（N）；

C_D——阻力系数；

$\frac{\rho v^2}{2}$——流体的动压（Pa）；

S——机翼的投影面积（m^2）。

按照阻力产生的原理，飞机低速飞行时所受到的阻力一般分为摩擦阻力、压差阻力、干扰阻力和诱导阻力。其中，摩擦阻力、压差阻力、干扰阻力与升力无关，称为零升阻力；诱导阻力与升力有关，称为升致阻力。

知道阻力是如何产生的并想办法去减小它很重要。

3.3.2 摩擦阻力

当气流流过飞机表面时，由于空气黏性，空气微团与飞机表面发生摩擦，阻滞了气流的流动，由此而产生的阻力叫作摩擦阻力。

附面层就是紧贴物体表面，流速由外部流体的自由流速逐渐降低到零的那一层薄薄的空气层，可以分为层流附面层和紊流附面层。

1）层流附面层。气流各层不相混杂而成层流动，其摩擦阻力较小。

2）紊流附面层。气流活动杂乱无章，并出现旋涡和横向运动，但整个附面层仍附着于翼面，其摩擦阻力较大。气流类型沿机翼表面附面层的变化是由层流变为紊流。

3）转捩点。转捩点是层流附面层转变为紊流附面层的点，且转捩点的位置将随飞行速度的增高而前移。

4）分离点。附面层开始脱离翼面的点。

影响摩擦阻力的因素主要有：空气黏性；飞机表面的形状（主要是光滑程度）；同气流接触的飞机表面积的大小（浸润面积）；附面层中气流的流动情况。

3.3.3　压差阻力

压差阻力是指运动物体前后的压力差所产生的阻力。图 3 - 27 所示为 3 种不同迎风面积情况下的压差阻力。

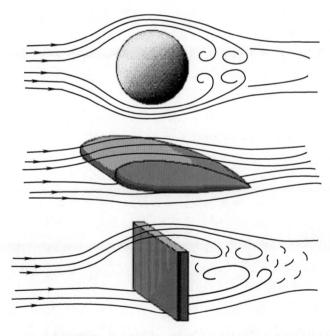

图 3 - 27　3 种不同迎风面积情况下的压差阻力

影响压差阻力的因素：物体的迎风面积；物体的形状。

减小压差阻力的措施：尽量减小迎风面积；加整流罩。

3.3.4 干扰阻力

干扰阻力是指飞机各部件之间由于气流相互干扰而产生的一种额外阻力，如图3-28所示。

飞机向前飞行，在飞机机身与机翼之间的连接处会形成干扰阻力。气流流过机翼和机身的连接处，由于机翼和机身两者形状的关系，在这里形成了一个气流的通道。如图3-29所示，在A处气流通道的截面积比较大，到C点翼面最圆拱的地方，气流通道收缩到最小，随后到B处又逐渐扩大。根

图3-28 干扰阻力

据流体的连续性定理和伯努利定理，C处的速度大而压强小，B处的速度小而压强大，所以在CB一段通道中，气流有从高压区B回流到低压区C的趋势。这就形成了一股逆流。但飞机前进不断有气流沿通道向后流，遇到了后面的这股逆流就形成了气流的阻塞现象，使得气流开始分离，而产生了很多旋涡。这些旋涡表明气流的动能有了消耗，因而产生了一种额外的阻力。这一阻力是气流互相干扰而产生的，所以叫作"干扰阻力"。

减小干扰阻力的措施：妥善考虑和安排各个部件的相对位置，在这些部件的连接处加装整流片或整流包皮，使得连接处圆滑过渡。

3.3.5 诱导阻力

诱导阻力是翼面所独有的一种阻力，它是伴随升力的产生而产生的，是为了产生升力而付出的一种"代价"。

当机翼产生升力时，机翼下表面的压力比上表面的大，而机翼翼展长度又是有限的，所以下翼面的高压气流会绕过两端翼尖，向上翼面的低压区流去。当气流绕过翼尖时，在翼尖部分形成旋涡，这种旋涡不断产生而又不断地向后流去，即形成了翼尖涡流。翼尖涡流使流过机翼的空气产生下洗速度，而向下倾斜形成下洗流。图3-29所示为固定翼飞机机翼翼尖产生的诱导阻力，图3-30所示为翼尖气流示意图。

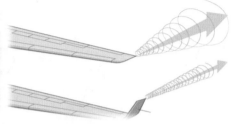

图 3-29　固定翼机翼翼尖产生的诱导阻力　　　图 3-30　翼尖气流示意图

减小诱导阻力的措施：增大展弦比；安装翼梢小翼。

由于诱导阻力的作用，当飞机贴近地面飞行时，会产生地面效应。地面效应是使飞行器诱导阻力减小，同时能获得比空中更高升阻比的流体力学效应。

诱导阻力减小的原因：地面或水面阻止了翼尖涡流的下洗。升力增大的原因：机翼下方空气与地面存在摩擦作用，速度减小，导致静压更高，升力增大。

3.3.6　升阻比

升阻比是指飞行器在飞行过程中，在同一迎角状态下的升力与阻力（即升力系数与阻力系数）的比值。

升阻比公式为

$$K = \frac{L}{D} = \frac{C_L}{C_D}$$

式中　　L——升力；

　　　　D——阻力。

升阻比与飞行器迎角、飞行速度等参数有关，升阻比越大说明飞行器的空气动力性能越好。升阻比达到最大之前，随迎角增加，升阻比呈线性增加。

3.4　飞行性能

无人机的飞行性能主要是指稳定性、操纵性以及飞行性能等。

3.4.1　稳定性

飞机的稳定性也叫作飞机的安定性，是指在飞机受到扰动后，不经飞行员操纵，能恢复到受扰动前的原始状态，即原来平衡状态的特性。如果能恢复,则称飞机是稳定的;反之则称飞机是不稳定的。图 3-31 所示为飞机的3 种状态。

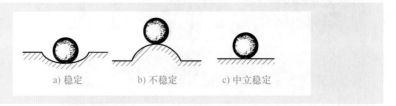

a) 稳定   b) 不稳定   c) 中立稳定

图 3-31 飞机的 3 种状态

飞机的稳定性包括纵向稳定性、横向稳定性和航向稳定性。在研究飞机稳定性之前,必须首先了解飞机的机体坐标系。

1. 机体坐标系

不论是固定翼、直升机还是多旋翼无人机,研究其稳定性时首先要建立机体坐标系,这里以固定翼为例。直升机和多旋翼的机体坐标系和固定翼是一样的。

固定翼飞机机体坐标系以重心所在的位置为原点。贯穿机身,把飞机分为相同的左右两部分的平面是对称面。飞机对称面与飞机所在平面的交线是飞机的纵轴;垂直于飞机的对称面,并且穿过原点的是飞机的横轴;垂直于飞机所在平面,并且穿过原点的是飞机的立轴,如图 3-32 所示。

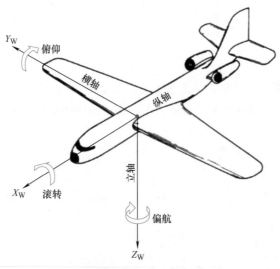

图 3-32 机体坐标系

2. 姿态角

在飞机飞行时，可以通过判断飞行姿态角来分析飞机都发生了哪些运动，进而做出与之相对应的操作。

1）俯仰角是指机体坐标系纵轴与水平面的夹角。抬头时，俯仰角为正；低头时，俯仰角为负。

2）滚转角是指机体坐标系立轴与通过机体纵轴的铅垂面间的夹角。机体向右滚为正；反之为负。

飞行俯仰角

飞行滚转角

飞行偏航角

3）偏航角是指机体坐标系纵轴与对称面的夹角。机头右偏航为正；反之为负。

3. 纵向稳定性

飞机纵向稳定性是指飞机受到上下对流干扰后产生绕横轴转动，扰动消失后自动恢复到原飞行姿态的性能。固定翼飞机主要靠水平尾翼和机翼来保证纵向稳定性。

研究飞机的纵向稳定性之前，首先要介绍两个概念，即重心和焦点。

1）重心：如果一架飞机的结构已经固定，则其重心位置就已经确定了。通常用重心到平均气动力弦前缘的距离与平均气动力弦长之比的百分数来计算重心的位置。

2）焦点：当飞机迎角变化时，在机翼和尾翼上都会产生一定的附加升力，这个附加升力合力的作用点称为飞机的焦点。

知道飞机重心和焦点的定义之后，就可以开始学习稳定性了。

飞机纵向稳定性主要取决于飞机重心的位置，飞机重心位于焦点前面，则飞机纵向稳定。重心越靠前，纵向稳定性越强；重心越靠后，则纵向稳定性越弱。如果重心位于焦点之后，则飞机纵向变得不稳定，如图3-33所示。

4. 航向稳定性

飞机航向稳定性是指飞机受到侧风干扰后产生绕立轴转动，扰动消失后自动恢复原飞行姿态的性能。

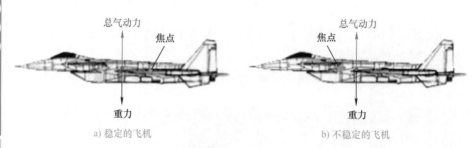

a) 稳定的飞机　　　　　　　　　b) 不稳定的飞机

图 3-33　纵向稳定性

　　飞机主要靠垂直尾翼产生航向稳定力矩来保证航向稳定性。比如，飞机受到左侧风的扰动，机头向右偏转了一定的航向，在飞机前飞的过程中，垂直尾翼的左翼面迎风面积增大，右翼面和左翼面就产生了一定的压力差，从而使机头向左偏转修正侧风的扰动，如图 3-34 所示。

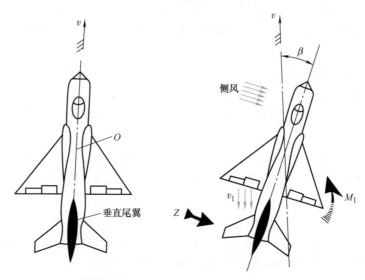

图 3-34　机头向左偏转修正侧风的扰动

　　影响飞机航向稳定力矩的因素主要有飞机迎角、机身、垂尾面积和重心位置。

　　5. 横向稳定性

　　飞机横向稳定性是指飞机受到干扰后产生绕纵轴转动，扰动消失后自动恢复原飞行姿态的性能。横向稳定性反映了飞机滚转稳定的特性。飞机主要靠机翼产生横向稳定力矩来保证横向稳定性。

影响飞机横向稳定力矩的因素主要是机翼上反角、机翼后掠角和垂直尾翼。

1）上反角。机翼的底面同飞机所在水平面之间的夹角叫作上反角，如图3-35所示。

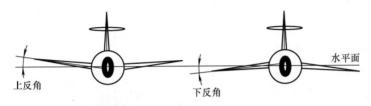

图3-35 上反角可增加横向稳定性

上反角是如何增加横向稳定性的呢？如图3-35所示，当一阵风吹到右侧机翼上时，飞机右翼抬起，左翼下沉，由于存在上反角，左翼有效迎角增大，升力增大，向右形成滚转力矩，达到减小滚转角的目的，如图3-36所示。

图3-36 向右形成滚转力矩可减小滚转角

2）后掠角。后掠角越大，横向稳定作用越明显。

后掠角是如何增加横向稳定性的呢？如图3-37所示（v_b为飞机实际飞行方向），当飞机受扰动向右倾斜时，升力也将倾斜，从而产生右侧滑，由于后掠角的存在，使两侧机翼上的有效速度大小不等，右侧机翼产生的升力大于左侧机翼产生的升力，形成滚转力矩，达到减小滚转角的目的。

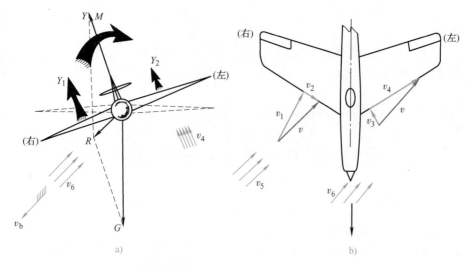

a)   b)

图 3-37　后掠角可增加横向稳定性

3）垂直尾翼。垂直尾翼是如何增加横向稳定性的呢？当飞机受到扰动产生倾斜后，会出现侧滑，垂直尾翼上产生的附加侧向力作用点位于飞机重心上方，因而相对于重心也形成恢复力矩，达到减小滚转角的目的。

6. 纵向稳定性、航向稳定性、横向稳定性之间的关系

飞机的纵向稳定性与航向稳定性、横向稳定性之间互相独立。航向稳定性与横向稳定性是紧密联系和相互影响的，因此通常合称为"横侧稳定"，故飞机的横向稳定性和航向稳定性之间必须匹配适当，如果匹配不当，飞机将可能出现"螺旋不稳定"或"荷兰滚不稳定"现象。

1）螺旋不稳定。飞机失速后机翼自转，飞机以小半径的圆周盘旋下降运动叫作螺旋不稳定。产生这种现象的原因是飞机横向稳定性过弱，航向稳定性过强，从而产生螺旋不稳定，如图 3-38 所示。

2）荷兰滚不稳定。如果在飞行中发现

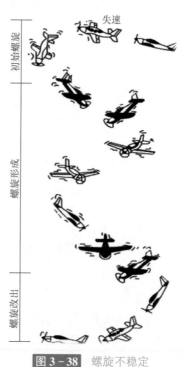

图 3-38　螺旋不稳定

飞机非指令地时而左滚、时而右滚，同时伴随机头时而左偏、时而右偏的现象，即表明飞机进入了荷兰滚不稳定（或飘摆）。发生此现象的原因是飞机的横向稳定性过强而航向稳定性过弱。如果飞机受到扰动后，由于航向稳定性过弱，飞机会发生偏航，但是由于飞机的横向稳定性过强，飞机会通过横向滚转运动自主地修正偏航现象，结果往往是修正过大，就这样来回往复地摆动机头，形成飘摆，如图3-39所示。

图 3-39 荷兰滚不稳定

3.4.2 操纵性

飞机的操纵性是指飞机对操纵的反应特性，又称为飞机的操纵品质。飞机操纵主要通过4个通道操纵飞机的3个主操纵面——升降舵、方向舵和副翼，如图3-40所示。

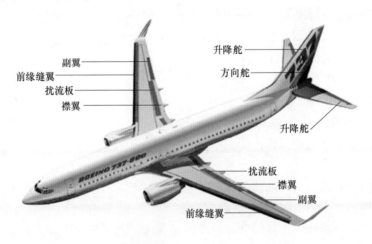

图 3-40 飞机操纵结构

1. 4个通道

控制飞机的4个最主要的通道分别是副翼、升降、油门和方向。

1) 副翼：操纵飞机上的副翼操纵面，用来调节飞机的横滚飞行姿态。

2) 升降：操纵飞机上的升降操纵面，用来调节飞机的俯仰飞行姿态。

3) 油门：操纵飞机上的发动机油门，用来调节飞机推力或拉力的大小。

4）方向：操纵飞机上的方向操纵面，用来调节飞机的航向飞行姿态。

2. 3个操纵面

1）升降舵：升降舵是指固定翼飞机上的水平尾翼操纵面。水平尾翼主要控制飞机的俯仰运动，向前推升降舵，水平尾翼向下打开，使机尾上扬，机头下俯，飞机向下飞行。

2）方向舵：方向舵是指固定翼飞机上的垂直尾翼操纵面。垂直尾翼主要控制飞机的航向运动，向左压方向舵，垂直尾翼向左打开，使机尾向右偏转，机头向左偏转，飞机向左飞行。

3）副翼：副翼是指固定翼飞机上机翼后缘的可动操纵面。副翼主要控制飞机的滚转运动，向左压副翼，左侧机翼上的副翼向上打开，右侧机翼上的副翼向下打开，使飞机向左滚转。

比较大型的飞机上还安装有襟翼、前缘缝翼、调整片等辅助操纵机构，无人机上安装的较少，下面只做简单介绍。

① 襟翼：通常情况下，襟翼安装在机翼后缘、靠近机身、副翼内侧的位置。放下襟翼升力增大，失速速度减小，阻力增大，飞行速度减小。

起飞阶段，襟翼只放下较小的角度，增加升力；下降阶段，襟翼放下到最大角度，从而飞机能够以较小的下降速度，较大的下降角进行降落，如图3-41所示。

② 前缘缝翼：安装在机翼前缘的一段或极端狭长的小翼面。当前缘缝翼打开时，它与机翼前缘表面形成一道缝隙，下翼面的高压气流通过缝隙加速流向上翼面，增大了上翼面附面层的气流

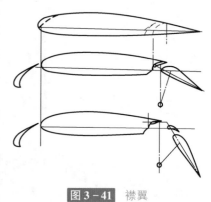

图3-41 襟翼

速度，消除分离旋涡，延缓气流分离，避免大迎角下失速，升力系数得到提高，增大飞机临界迎角。所以，前缘缝翼一般在大迎角，特别是接近或超过基本机翼临界迎角时才使用，如图3-42所示。

③ 调整片：飞机调整片也叫作扰流板，主要作用是增加在地面或飞行中的气动阻力，达到减速的目的。扰流板还可以辅助飞机转弯，当飞机左盘旋时，操纵左机翼飞行扰流板向上打开，右机翼飞行扰流板不动，右翼升力大于左翼，实现飞机左转，如图3-43所示。

前缘缝翼打开时，气流分离被推迟

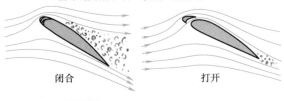

闭合　　　打开

图 3-42 前缘缝翼与迎角的关系　　　图 3-43 扰流板辅助飞机转弯

3.4.3　飞行性能

飞机飞行性能是描述飞机质心运动规律的性能，包括飞机的飞行速度、飞行高度、航程、航时、起飞和着陆性能等。与有人机不同的是，无人机几乎涉及不到筋斗、盘旋、战斗转弯等机动性能，所以在此不加以讨论。

1）高度。衡量无人机飞行高度的指标有理论静升限和实用静升限。理论静升限是指飞机（固定翼）能做水平直线飞行的最大高度；实用静升限是指飞机（固定翼）最大爬升率等于 0.5m/s 时所对应的飞行高度。一般无人机的理论静升限要大于实用静升限，如图 3-44 所示。

图 3-44 无人机理论静升限大于实用静升限

另外，衡量无人机高度性能的指标还有爬升率和爬升角。爬升率越大、爬升角越大，则无人机改变高度的能力越好。

① 爬升率：单位时间内飞机所上升的垂直高度。

② 爬升角：飞机上升轨迹与水平线之间的夹角。

2）速度。速度也是衡量无人机飞行性能的一项重要指标，其中应用较多的是最大飞行速度和最小飞行速度。外出作业时可以根据不同的作业任务、作业载荷、作业标准选用不同的飞行速度，以达到最理想的作业效果。

① 最大飞行速度：飞机在一定高度上做水平直线飞行时，在一定飞行距离内（大于3km），发动机以最大推力工作时所能达到的最大飞行速度。

② 最小飞行速度：飞机在一定高度飞行，能够产生足够的升力来平衡重力，维持水平直线飞行的最小速度，又称为平飞所需速度。

另外，除了最大和最小飞行速度外，还有巡航飞行速度、平飞有利速度、平飞远航速度。

③ 巡航飞行速度：发动机每千米消耗燃油量最小情况下的飞行速度。

④ 平飞有利速度：能够获得平飞航时最长的速度。

⑤ 平飞远航速度：能够获得平飞航程最长的速度。

3）航程。最大航程是指在起飞后不再加油的情况下，飞机以巡航速度所能达到的最远距离。飞机的航程主要取决于燃油量。

3.5　起飞与着陆性能

3.5.1　五边航线

固定翼无人机的起降阶段是需要专门进行训练的，固定翼的起降航线也叫作五边航线。起降航线是固定翼无人机驾驶员最基本的飞行训练科目。图3-45所示为五边航线。

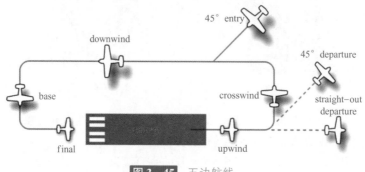

图3-45 五边航线

1）upwind（离场边）：upwind 在英语里是逆风的意思，一般固定翼无人机起降阶段，为了缩短起飞和降落距离，都要求逆风起飞和降落。

起飞后可以直接向前飞脱离五边航线（即图中的 straight – out departure）或者左转 45°脱离航线（45° departure）。

2）crosswind（侧风边）：即是五边航线的第二条边。无人机在侧风边飞行时飞机是爬升的。

3）downwind（下风边）：downwind 是顺风的意思。在这边时无人机是平飞的。如果无人机想要降落时加入五边，则也是呈 45°（45° entry）加入第三边，如果来不及从第三边加入，从第四边甚至第五边直接降落也是可以的，但是要求驾驶员有过硬的飞行素质。

4）base（基准边）：在这里要为最后进场做准备，飞机在此边开始下降高度。

5）final（进场边）：在此边飞机要下降高度，对准跑道，直至着陆。降落和起飞时一样也需要逆风环境。

3.5.2　起飞

飞机的起飞过程包括起飞滑跑和爬升两个主要阶段，飞机离地速度越小，滑跑距离越短，飞机的起飞性能越好。图 3 – 46 所示为起飞过程。

减小飞机起飞距离的办法有逆风起飞、使用襟翼、增加推力。

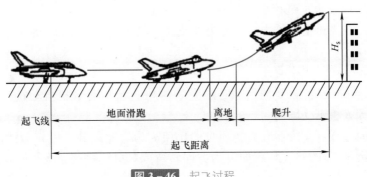

图 3 – 46　起飞过程

3.5.3　着陆

飞机着陆的过程包括下滑、拉平、平飞、飘落和滑跑 5 个阶段。

飞机着陆距离由着陆下滑距离和着陆滑跑距离组成。下滑距离与下滑角（飞行轨迹与水平面的夹角）、下滑高度有关。图 3 – 47 所示为飞机着陆过程。

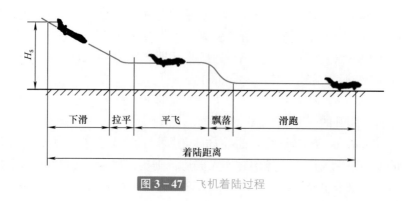

图 3-47　飞机着陆过程

3.6　机动性能

飞机的机动性能是指飞机在一定时间内改变飞行速度、高度和方向等飞行状态的能力，相应称之为速度机动性、高度机动性和方向机动性。

3.6.1　过载

描述飞行器机动性能的参数是过载，用 n 表示。

过载也称为载荷因子，是飞行器所受的外力与飞行器质量之比，单位用重力加速度 g 表示。显然，过载因子越大，则表示飞机所受的外力（控制力）较大或飞机重量较小，越容易改变飞机运动状态。

作用在飞机上的外力总合称为外载荷，包括重力、升力、推力、阻力及其他气动力等。在外载荷平衡的条件下，飞机保持定常飞行（匀速直线飞行，但不一定是水平直线）。

由于飞行员能承受的过载一般为 $7g \sim 8g$，所以有人机机动过载不超过 $9g$，而无人机不受限制。

法向过载：飞行器升力与质量的比值称为法向过载，用 n_y 表示。当法向过载大于 $1g$ 时，飞机就向升力方向转弯或爬升。过载越大，转弯或爬升得越快。

注意：过载其实就是合力作用在物体上的加速度。

过载具有方向性，与力的方向性一致。与物体运动方向一致或相反的力叫作切向力，与物体运动方向一致或相反的力与物体质量的比值叫作切向过载。与物体运动方向垂直的力叫作法向力，与物体运动方向垂直的力与物体质量的比值叫作法向过载。所以，飞机的推力是切向力，阻力也是切向力。

重力有时是切向力，有时是法向力。当飞机垂直上升或下降时，重力是切向力；当飞机平飞时，重力是法向力。飞机的升力总是法向力，如图 3 – 48 所示。

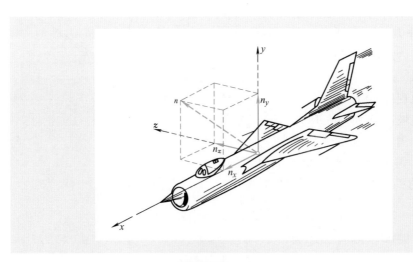

图 3 – 48 飞机的升力

3.6.2 盘旋

盘旋是指飞机保持飞行高度不变，做圆周飞行。盘旋是衡量机动性的重要指标，盘旋半径越小，机动性越好；空速越大，盘旋半径越大，如图 3 – 49 所示。

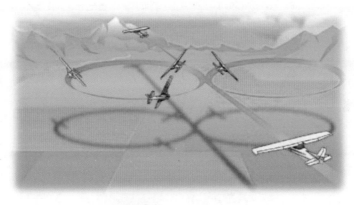

图 3 – 49 飞机盘旋路径

操纵副翼使外侧副翼向下打开，内侧副翼向上打开，外侧升力大于内侧升力，飞机发生滚转（坡度），实现转弯。飞机转弯的向心力是飞机升力的水平分力。转弯时，升力水平分量大于离心力时，飞机会出现内侧滑；相反，离心力大于升力水平分量时，飞机会出现外侧滑。

飞机坡度增大时，升力的垂直分量减小，升力的水平分量增大，为保持高度，需要增大迎角和油门，以保持升力的垂直分量不变，如图 3-50 所示。

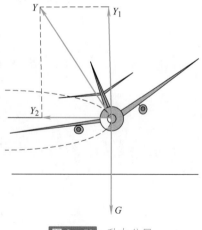

图 3-50 升力分量

3.6.3 俯冲、筋斗、跃升

在俯冲拉起、筋斗和跃升过程中，升力作为飞机的向心力，改变飞机飞行速度的方向。俯冲、筋斗和跃升属于无人机特技飞行内容，一般作业飞行不会应用这些动作，如图 3-51 所示。

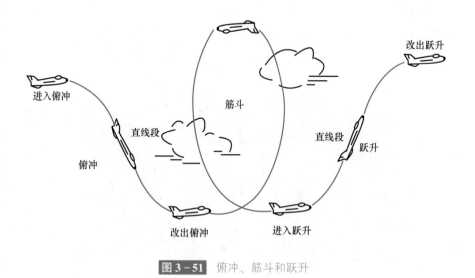

图 3-51 俯冲、筋斗和跃升

3.7 无人机的发射和回收方式

3.7.1 无人机的发射方式

根据功能和任务场地的不同，无人机可以选择多种发射方式，主要有手抛发射、弹射发射、起落架滑跑起飞和垂直起飞。

1. 手抛发射

手抛发射方式比较简单，一般由 1～2 人操作即可完成。手抛发射的无人机一般重量较轻，尺寸较小。手抛发射作业难度相对较大，手抛发射员必须经过系统的训练才能进行作业，无人机抛出的瞬间，起降驾驶员就要操纵遥控器进行控制，迅速调整飞机油门和姿态，如图 3-52 所示。

手抛发射

图 3-52 手抛发射

2. 弹射发射

无人机安装在轨道式弹射发射架上，在压缩空气、橡皮筋或液压弹射装置的作用下，无人机能够迅速获得一个冲力，使无人机能够瞬间达到飞行所需速度，从而达到起飞的目的。

一般情况下，在南方作业的队伍比较喜欢弹射发射的方式，但是由于科学技术的进步，弹射发射有被手抛发射和垂直起降取代的趋势，如图 3-53 所示。

3. 起落架滑跑起飞

起落架滑跑起飞是固定翼无人机起飞最主要的方式，但是需要起降场地以及满足起飞条件的跑道，局限性较大，如图 3-54 所示。

图 3-53 弹射发射

图 3-54 起落架滑跑起飞

4. 垂直起飞

垂直起飞分为两种不同的机型，即固定翼无人机和旋翼无人机。

1）固定翼无人机。固定翼无人机现在有两种比较主流的起飞方式，即倾转旋翼起飞和垂直起降固定翼起飞。倾转旋翼起飞方式主要是以鱼鹰为模型，现在无人机上应用还不太广泛，有一部分模型爱好者比较喜欢。垂直起降固定翼是现在非常受欢迎的机型，该机型在起飞时使用的是旋翼系统，待飞行到一定高度后将转换到固定翼系统，然后执行相应任务，如图 3-55 所示。

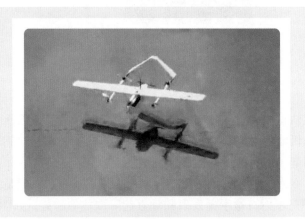

垂直起飞

图 3-55 垂直起飞

2）旋翼无人机。旋翼无人机的起飞方式比较简单，起飞之后可以在空中进行悬停，如图 3-56 所示。

图 3-56 旋翼无人机

3.7.2 回收方式

无人机的回收方式可以归纳为伞降回收、起落架滑跑着陆和垂直着陆。

1. 伞降回收

对应于手抛、弹射起飞的无人机，一般采用伞降回收。无人机结束飞行任务后，小油门或熄火状态滑翔到降落点上空盘旋下降，当下降到预定高度后开伞降落，然后地面人员进行回收，如图 3-57 所示。

降落时由遥控器指令控制或自主控制开伞，降落伞由主伞和减速伞组成二级伞。

折伞收伞

伞降

图 3-57 伞降回收

2. 起落架滑跑着陆

滑跑起飞,对应于滑跑着陆。滑跑着陆对跑道有一定要求,如跑道上无杂物、跑道要平直且有足够的距离。

固定翼无人机滑跑降落对无人机驾驶员操纵技术要求很高,事故一般发生在这个阶段。

3. 垂直着陆

垂直起降固定翼和旋翼都采用垂直回收方式。回收步骤和起飞正好相反。

复习思考题

3-1 大气可以分为哪几层?一般民用无人机在哪层飞行?

3-2 简单描述什么是国际标准大气。制定标准大气的目的是什么?

3-3 大气状态方程及各项的意义是什么?

3-4 气体的3个特性是什么?

3-5 马赫数是什么指标?

3-6 牛顿第一定律,也叫什么?该定律的内容是什么?

3-7 物体做匀速圆周运动时是否处于平衡状态?

3-8 牛顿第二定律的内容是什么?

3-9 什么是伯努利方程?各项都有什么意义?

3-10 伯努利定理的内容是什么?

3-11 为什么研究飞行原理要选用固定翼飞机作为模型?

3-12 升力公式及各项的意义是什么?

3-13 机翼的翼型主要有哪些参数?

3-14 什么叫作后掠角?

3-15 什么叫作迎角?

3-16 失速是怎么造成的?

3-17 阻力公式及各项的意义是什么?

3-18 阻力共分为哪几类?

3-19 什么是层流?什么是紊流?层流和紊流上阻力如何变化?

3-20 举例说明什么是压差阻力。

3-21 减小干扰阻力的措施主要是什么?

3-22 什么是地面效应?

3 - 23　简单说明什么是无人机的稳定性和操纵性？

3 - 24　简单说明什么是机体的 3 个运动轴。围绕 3 个运动轴飞机都能做什么运动？

3 - 25　横向稳定性、航向稳定性、纵向稳定性都是围绕哪个轴的稳定性？

3 - 26　重心和焦点位置的关系如何影响纵向稳定性？

3 - 27　固定翼起飞和降落航线为什么要建在逆风场？

3 - 28　起飞过程都包含哪些阶段？

3 - 29　着陆过程都包含哪些阶段？

3 - 30　试着自己在网上搜索一下起飞和着陆过程中襟翼的作用。

3 - 31　有人说：飞机的机动性越强，稳定性越弱。你是怎么看的呢？

3 - 32　简单说明飞机在盘旋的时候升力的作用。

3 - 33　什么叫作切向过载？什么叫作法向过载？

3 - 34　无人机的发射方式有哪几种？

3 - 35　无人机的回收方式有哪几种？

3 - 36　固定翼常用哪些发射方式？

3

第4章
无人机航空法规

随着科学技术进步，无人机的生产和应用在国内外都得到了蓬勃发展，其驾驶员的数量也在持续地快速增加。面对这样的情况，中国民用航空局（简称民航局）有必要在不妨碍民用无人机多元化发展的前提下，加强对民用无人机驾驶员的规范化管理，促进民用无人机产业的健康发展。

由于民用无人机在全球范围内发展迅速，国际民航组织已经开始为无人机系统制定标准和建议措施、空中航行服务程序和指导材料。这些标准和建议措施已经日趋成熟，多个国家已发布了管理规定。

本节将从民航局下发的《民用无人机驾驶员管理规定》开始学习。目前，民用无人机市场的监管主要是以《民用无人机驾驶员管理规定》为主，如果有新的法规颁布，会在以后的版本进行更新。

4.1 《民用无人机驾驶员管理规定》

《民用无人机驾驶员管理规定》于 2018 年 8 月 31 日由民航局下发，以后下发有变更的内容以最新的为准。

4.1.1 适用范围

该规定内容适用于民用无人机系统驾驶员的资质管理，其涵盖范围包括以下内容。

1）无机载驾驶员的无人机系统。

2）有机载驾驶人员的航空器，但该航空器可以同时由外部的无人机驾驶员实施完全飞行控制。

分布式操作的无人机系统或者集群，其操作者个人无须取得无人机驾驶员执照，具体管理办法另行规定。

4.1.2　定义

前面章节已经就部分无人机系统定义进行说明，本节将进行一些定义的补充。

1）无人机系统驾驶员：对无人机运行负有必不可少的职责，并在飞行期间适时操纵无人机的人。

2）等级：填在执照上或与执照有关并成为执照一部分的授权，说明关于此种执照的特殊条件、权利或限制。

3）类别：根据无人机产生气动力及不同运动状态依靠的不同部件或方式，将无人机进行划分并成为执照一部分的授权，说明关于此种执照的特殊条件、权利或限制。

4）视距内运行：无人机在驾驶员或观测员与无人机保持直接目视视觉接触的范围内运行，且该范围为目视视距内半径不大于500m，人、机相对高度不大于120m。在本规定中作为驾驶员等级中的一种。

5）超视距运行：无人机在目视视距以外的运行。在本规定中作为驾驶员等级中的一种。

6）扩展视距运行：无人机在目视视距以外运行，但驾驶员或观测员借助视觉延展装置操作无人机，属于超视距运行的一种。

7）授权教员：持有按本规定颁发的具有教员等级的无人机驾驶员执照，并依据其教员等级上规定的权利和限制执行教学的人员。

8）无人机系统的机长：由运营人指派在系统运行时间内负责整个无人机系统运行和安全的驾驶员。

9）无人机观测员：由运营人指定的训练有素的人员，通过目视观测无人机，协助无人机驾驶员安全实施飞行，通常由运营人管理，无证照要求。

10）运营人：从事或拟从事航空器运营的个人、组织或企业。

11）感知与避让：看见、察觉或发现交通冲突或其他危险并采取适当行动的能力。

12）无人机感知与避让系统：无人机机载安装的一种设备，用以确保无人机与其他航空器保持一定的安全飞行间隔，相当于载人航空器的防撞系统。

13）融合空域：有其他载人驾驶航空器同时运行的空域。

14）隔离空域：专门分配给无人机系统运行的空域，通过限制其他航空器的进入以规避碰撞风险。

15）人口稠密区：城镇、乡村、繁忙道路或大型露天集会场所等区域。

16）空机重量：不包含载荷和燃料的无人机重量，该重量包含燃料容器和电池等固体装置。

17）飞行经历时间：为符合民用无人机驾驶员的训练和飞行时间要求，操纵无人机或在模拟器上所获得的飞行时间，这些时间应当是作为操纵无人机系统必需成员的时间，或从授权教员处接受训练或作为授权教员提供教学的时间。

18）飞行经历记录本：记录飞行经历时间和相关信息的证明材料，包括纸质飞行经历记录本和由无人机云交换系统支持的电子飞行经历记录本。

19）训练记录：为获取执照或等级而接受相关训练的证明材料，包括纸质训练记录和由无人机云交换系统支持的电子化训练记录。

20）理论考试：航空知识理论方面的考试，该考试是颁发民用无人机驾驶员执照或等级所要求的，可以通过笔试或者计算机考试来实施。

21）实践考试：为取得民用无人机驾驶员执照或者等级进行的操作方面的考试（包括实践飞行、综合问答、地面站操作），该考试通过申请人在飞行中演示操作动作及回答问题的方式进行。

22）申请人：申请无人机驾驶员执照或等级的自然人。

23）无人机云系统：简称无人机云，是指轻小民用无人机运行动态数据库系统，用于向无人机用户提供航行服务、气象服务等，对民用无人机运行数据（包括运营信息、位置、高度和速度等）进行实时监测。

24）无人机云交换系统（无人机云数据交换平台）：无人机云数据交换平台，是指由民航局运行，能为多个无人机云系统提供实时数据交换和共享的实时动态数据库系统。

25）分布式操作：把无人机系统操作分解为多个子业务，部署在多个站点或者终端进行协同操作的模式，不要求个人具备对无人机系统的完全操作能力。

4.1.3　执照等级要求

无人机系统分类较多，所适用空域远比有人驾驶航空器广阔，因此有必要对无人机系统驾驶员实施分类管理。

1）下列情况下，无人机系统驾驶员自行负责，无须执照管理。

① 在室内运行的无人机。

② Ⅰ、Ⅱ类无人机（如运行需要，驾驶员可在无人机云交换系统进行

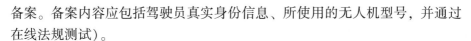

备案。备案内容应包括驾驶员真实身份信息、所使用的无人机型号，并通过在线法规测试）。

③ 在人烟稀少、空旷的非人口稠密区进行试验的无人机。

2）在隔离空域和融合空域运行的除Ⅰ、Ⅱ类以外的无人机，其驾驶员执照由局方实施管理。

① 操纵视距内运行无人机的驾驶员，应当持有按本规定颁发的具备相应类别、分类等级的视距内等级驾驶员执照，并且在行使相应权利时随身携带该执照。

② 操纵超视距运行无人机的驾驶员，应当持有按本规定颁发的具备相应类别、分类等级的有效超视距等级的驾驶员执照，并且在行使相应权利时随身携带该执照。

③ 教员等级。

a. 按本规则颁发的相应类别、分类等级的具备教员等级的驾驶员执照持有人，行使教员权利应当随身携带该执照。

b. 未具备教员等级的驾驶员执照持有人不得从事下列活动。

i. 向准备获取单飞资格的人员提供训练。

ii. 签字推荐申请人获取驾驶员执照或增加等级所必需的实践考试。

iii. 签字推荐申请人参加理论考试或实践考试未通过后的补考。

iv. 签署申请人的飞行经历记录本。

v. 在飞行经历记录本上签字，授予申请人单飞权利。

④ 植保类无人机分类等级。担任操纵植保无人机系统并负责无人机系统运行和安全的驾驶员，应当持有按本规定颁发的具备Ⅴ分类等级的驾驶员执照，或经农业农村部规定的符合资质要求的植保无人机生产企业自主负责的植保无人机操作人员培训考核后，获得相应资质证明。

3）自2018年9月1日起，民航局授权行业协会颁发的现行有效的无人机驾驶员合格证自动转换为民航局颁发的无人机驾驶员电子执照，原合格证所载明的权利一并转移至该电子执照。原Ⅶ分类等级（超视距运行的Ⅰ、Ⅱ类无人机）合格证载明的权利转移至Ⅲ分类等级电子执照。

4.1.4 无人机系统驾驶员管理

1. 执照和等级分类

对于完成训练并考试合格，符合本规定颁发民用无人机驾驶员执照和等级条件的人员，在其驾驶员执照上签注以下信息。

（1）驾驶员等级

1）视距内等级。

2）超视距等级。

3）教员等级。

（2）类别等级

1）固定翼。

2）直升机。

3）多旋翼。

4）垂直起降固定翼。

5）自转旋翼机。

6）飞艇。

7）其他。

（3）分类等级（表4-1）

表4-1 执照和分类等级

分类等级	空机重量 w/kg	起飞全重 w/kg
I	$0 < w \leqslant 0.25$	
II	$0.25 < w \leqslant 4$	$1.5 < w \leqslant 7$
III	$4 < w \leqslant 15$	$7 < w \leqslant 25$
IV	$15 < w \leqslant 116$	$25 < w \leqslant 150$
V	植保类无人机	
XI	$116 < w \leqslant 5700$	$150 < w \leqslant 5700$
XII	$w > 5700$	

（4）型别和职位（仅适用于XI、XII分类等级）

1）无人机型别。

2）职位，包括机长、副驾驶。

注意 ①实际运行中，III、IV、XI分类有交叉时，按照较高要求的一类分类。

②对于串、并列运行或者编队运行的无人机，按照总重量分类。

③地方政府部门（如当地公安部门）对于 I 、 II 类无人机重量界限低于表4-1中规定的，以地方政府部门的具体要求为准。

2. 颁发无人机驾驶员执照与等级的条件

民航局应为符合相应资格、航空知识、飞行技能和飞行经历要求的申请人颁发无人机驾驶员执照与等级。具体要求参见附录《颁发无人机驾驶员执照与等级的条件》。

4.2　空域

4.2.1　空域的概念

空域是航空器运行的环境，也是宝贵的国家资源。为满足低空飞行的需要，我国在低空空域管理方面，采取了完善相关管理法规、加强监控手段和评估监督体系建设等一系列措施。

低空空域是国家的重要战略资源，是军航和通用航空的主要活动区域，像国土资源、海洋资源一样，蕴藏着极大的经济、国防和社会价值。

低空空域通常是指1000m（含）以下的飞行区域，分为管制空域、监视空域和报告空域三类。

（1）管制空域　通常划设在飞行比较繁忙的地区，机场起降地带、空中禁区、空中危险区、空中限制区、地面重要目标、国（边）境地带等区域的上空。在此空域内的一切空域使用活动，必须经过飞行管制部门批准并接受飞行管制。

（2）监视空域　通常划设在管制空域周围。在此空域内的一切空域使用活动，空域用户向飞行管制部门报备飞行计划后，即可自行组织实施并对飞行安全负责，飞行管制部门严密监视空域使用活动，并提供飞行情报服务和告警服务。

（3）报告空域　通常划设在远离空中禁区、空中危险区、空中限制区、国（边）境地带、地面重要目标以及飞行密集地区、机场管制地带等区域的上空。在此空域内的一切空域使用活动，空域用户向飞行管制部门报备飞行计划后，即可自行组织实施并对飞行安全负责，飞行管制部门根据用户需要提供航行情报服务。

特殊空域是为了政治、军事或科学实验需要，经国务院、中央军委批准，划定一定的空域，限制或禁止民用航空器进入。限制禁航空域也称为限制和危险区。

4.2.2　空域运行要求

目前，我国民用遥控驾驶航空器系统使用空域分为融合空域和隔离空域。融合空域是指有其他载人航空器同时运行的空域。隔离空域是指专门分配给无人机系统运行的空域，通过限制其他航空器的进入以规避碰撞风险。

1. 申报空域

如果无人机公司长期在一个固定的地方从事飞行活动，需要申报固定的空域，申报飞行空域原则上与其他空域水平间隔不小于20km，垂直间隔不小于2km。一般申报的空域都属于隔离空域。

《通用航空飞行管制条例》中关于申报空域的规定如下。

1）从事通用航空飞行活动的单位、个人，根据飞行活动要求，需要划设临时飞行空域的，应当向有关飞行管制部门提出划设临时飞行空域的申请。划设临时飞行空域的申请应当包括下列内容。

① 临时飞行空域的水平范围、高度。

② 飞入和飞出临时飞行空域的方法。

③ 使用临时飞行空域的时间。

④ 飞行活动性质。

⑤ 其他有关事项。

2）划设临时飞行空域，按照下列规定的权限批准。

① 在机场区域内划设的，由负责该机场飞行管制的部门批准。

② 超出机场区域在飞行管制分区内划设的，由负责该分区飞行管制的部门批准。

③ 超出飞行管制分区在飞行管制区内划设的，由负责该管制区飞行管制的部门批准。

④ 在飞行管制区间划设的，由中国人民解放军空军批准。

批准划设临时飞行空域的部门应当将划设的临时飞行空域报上一级飞行管制部门备案，并通报有关单位。

3）划设临时飞行空域的申请，应当在拟使用临时飞行空域7个工作日前向有关飞行管制部门提出；负责批准该临时飞行空域的飞行管制部门应当在拟使用临时飞行空域3个工作日前作出批准或者不予批准的决定，并通知申请人。

4）临时飞行空域的使用期限应当根据通用航空飞行的性质和需要确定，通常不得超过12个月。

因飞行任务的要求，需要延长临时飞行空域使用期限的，应当报经批准该临时飞行空域的飞行管制部门同意。

通用航空飞行任务完成后，从事通用航空飞行活动的单位、个人应当及时报告有关飞行管制部门，其申请划设的临时飞行空域即行撤销。

2. 申请飞行计划

《通用航空飞行管制条例》第十四条特别规定，从事通用航空飞行活动的单位、个人有下列情形之一的，必须在提出飞行计划申请时，提交有效的任务批准文件。

1）或者飞入我国领空的（公务飞机除外）。

2）入空中禁区或者国（边）界线至我方一侧10km之间地带上空飞行的。

3）我国境内进行航空物探或者航空摄影活动的。

4）领海（海岸）线飞行的。

5）外国航空器或者外国人使用我国航空器在我国境内进行通用航空飞行活动的。

在我国境内进行航空物探或者航空摄影活动的无人机飞行计划申报，可参考《无人驾驶航空器飞行管理暂行条例（征求意见稿）》第三十七条和第三十八条规定。

第三十七条对需申请飞行计划的情形做出规定。从事无人机飞行活动的单位或者个人实施飞行前，应当向当地飞行管制部门提出飞行计划申请，经批准后方可实施。飞行计划申请应当于飞行前1日15时前，向所在机场或者起降场地所在的飞行管制部门提出；飞行管制部门应当于飞行前1日21时前批复。国家无人机在飞行安全高度以下执行作战战备、反恐维稳、抢险救灾等飞行任务，可适当简化飞行计划审批流程。微型无人机在禁止飞行空域外飞行，无须申请飞行计划。轻型、植保无人机在相应适飞空域飞行，无须申请飞行计划，但需向综合监管平台实时报送动态信息。

第三十八条对申请飞行计划的内容做出规定。申请飞行计划内容通常包括：组织该次飞行活动的单位或者个人；飞行任务性质；无人机类型、架数；通信联络方法；起飞、降落和备降机场（场地）；预计飞行开始、结束时刻；飞行航线、高度、速度和范围，进出空域方法；指挥和控制频率；导航方式，自主能力；安装二次雷达应答机的，注明二次雷达应答机代码申请；应急处置程序；其他特殊保障需求。有特殊要求的，应当提交有效任务批准文件和必要资质证明。

申报飞行计划还需要遵守所在地区的相关规定，以深圳市出台的《深圳地区无人机飞行管理实施办法（暂行）》为例，第二十八条、第二十九条、

第三十条、第三十二条和第三十三条中对申报飞行计划做出相关规定。

第二十八条对审批部门及申报情形做出规定。从事需经批准的无人机飞行活动的单位或者个人实施飞行前，应当向南部战区空军飞行管制部门提出飞行计划申请，经批准后方可实施。微型无人机在禁止飞行空域外飞行，无须申请飞行计划。轻型无人机在适飞空域内、最大起飞重量不超过150kg的植保无人机在深圳市人民政府确定的农林牧区域内飞行，无须申请飞行计划，但需实时向综合监管平台报备飞行计划和动态信息。

第二十九条对微型、轻型无人机飞行计划申请流程做出规定。微型无人机在禁止空域内和轻型无人机在管控空域内飞行，必须先取得空域使用许可。飞行计划申请应当在拟飞行前1天15时通过综合监管平台提出飞行申请，军航飞行管制部门应当在飞行前1天21时前予以答复，并分发给公安机关和民航管理部门，获准飞行的用户必须主动向综合监管平台报送无人机的位置和动态信息。

第三十条对小型、中型、大型无人机飞行计划申请流程做出规定。使用小型、中型、大型无人机开展飞行活动，必须先取得空域使用许可。飞行计划申请应当在拟飞行前1天15时前通过综合监管平台向军航飞行管制部门提出；军航飞行管制部门应当在拟飞行前1天21时前予以答复，并分发给公安机关和民航管理部门，获准飞行的用户必须主动向综合监管平台报送无人机的位置和动态信息。

第三十二条对申报内容做出规定。飞行计划申请内容通常包括：组织该次飞行活动的单位或者个人；飞行任务性质；无人机类型、架数；通信联络方法；起飞、降落和备降机场（场地）；预计飞行开始、结束时刻；飞行航线、高度、速度和范围，进出空域方法；遥控、遥测、信息传输频率；导航方式，人工介入操控程度，智能自主控制程度；安装二次雷达应答机的，注明二次雷达应答机代码申请；应急处置程序；其他特殊保障要求。有特殊要求的，应当提交有效任务批准文件和必要资质证明。

第三十三条对飞行计划申报后飞行前的工作流程做出规定。申请并获得批准的无人机飞行计划，组织该次飞行活动的用户应当在无人机起飞1h前向南部战区空军飞行管制部门报告计划开飞时刻和简要准备情况，经放飞许可方可飞行；飞行中实时掌握无人机飞行动态，保持与军航飞行管制部门通信联络畅通；飞行结束后，及时报告飞行实施情况。微型无人机在禁止飞行空域外和轻型无人机、最大起飞重量不超过150kg的植保无人机在深圳市人民政府确定的农林牧区域内飞行，不需飞行管制部门许可。

　　紧急飞行计划的申报：参照《无人驾驶航空器飞行管理暂行条例（征求意见稿）》第四十条规定。使用无人机执行反恐维稳、抢险救灾、医疗救护或者其他紧急任务的，可以提出临时飞行计划申请。临时飞行计划申请最迟应当于起飞 30min 前提出，飞行管制部门应当在起飞 15min 前批复。

　　如果地方出台相关法规，紧急飞行计划申报同时需要遵守地方法规。以《深圳地区无人机飞行管理实施办法（暂行）》为例，第三十一条对无人机的特殊应用做出规定。使用无人机执行反恐维稳、抢险救灾、医疗救护或者其他紧急任务的，可于计划起飞前 30min 通过综合监管平台向南部战区空军飞行管制部门同时提出飞行计划和空域使用申请，飞行管制部门应当优先快速办理，通常于起飞 10min 前批复，并分发给公安机关和民航管理部门，获准飞行的用户必须主动向综合监管平台报送无人机的位置和动态信息。

空域申请函

关于申请批准临时飞行空域的函

×××空军参谋部航管处：

　　我院为履行公益保护职责，行使法律监督权，办理××案需要，特申请使用空域如下：

　　一、空域范围：以××市××区××路为起飞点（ N40 11' 20" E116 9' 40"）中心，半径××米，飞行真高××米。

　　二、使用期限：20××年××月××日至20××年××月××日。

　　三、使用器材：多旋翼、超轻型固定翼小飞机、航模。

　　四、空域使用用途：调查××案。

　　五、飞行安全及第三方责任由我院负责。望给予协调空域使用，并明确有关航管保障事宜。

　　特此函，请批复。

×××××××（盖章）

20××年××月××日

4.3　安全保障

　　1）从事通用航空飞行活动的单位、个人组织各类飞行活动，应当制订安全保障措施，严格按照批准的飞行计划组织实施，并按照要求报告飞行动态。

　　2）从事通用航空飞行活动的单位、个人，应当与有关飞行管制部门建立可靠的通信联络。在划设的临时飞行空域内从事通用航空飞行活动时，应当保持空地联络畅通。

3）在临时飞行空域内进行通用航空飞行活动，通常由从事通用航空飞行活动的单位、个人负责组织实施，并对其安全负责。

4）在临时机场或者起降点飞行的组织指挥，通常由从事通用航空飞行活动的单位、个人负责。

5）从事通用航空飞行活动的民用航空器能否起飞、着陆和飞行，由机长（飞行员）根据适航标准和气象条件等最终确定，并对此决定负责。

6）从事通用航空飞行活动的单位、个人违反本条例规定，有下列情形之一的，由有关部门按照职责分工责令改正，给予警告；情节严重的，处2万元以上10万元以下罚款，并可给予责令停飞1个月至3个月，暂扣直至吊销经营许可证、飞行执照的处罚；造成重大事故或者严重后果的，依照刑法关于重大飞行事故罪或者其他罪的规定，依法追究刑事责任：

① 未经批准擅自飞行的。

② 未按批准的飞行计划飞行的。

③ 不及时报告或者漏报飞行动态的。

④ 未经批准飞入空中限制区、空中危险区的。

复习思考题

4-1 民航局规定，年满多少周岁可以报名参加无人机驾驶员考试？

4-2 民航局规定，年满多少周岁可以报名参加无人机教员考试？

4-3 三类无人机驾驶员都包含哪些机型？

4-4 民航局规定，参加三类驾驶员考试的学员必须飞满多长时间的飞行训练？

4-5 民航局规定，参加三类超视距驾驶员考试的学员必须飞满多长时间的飞行训练？

4-6 三类等级的无人机空机重量和起飞全重分别是多少？

4-7 四类等级的无人机空机重量和起飞全重分别是多少？

4-8 我国低空空域是指什么？分为哪三类？

4-9 飞行计划的申请应当于什么时间提出？

4-10 临时飞行计划申请最晚于什么时间提出？

4-11 申请批准临时飞行空域都需要提供什么信息？

第 5 章
航空气象

无人机在大气中飞行，依靠大气产生升力。气象是指发生在天空中的风、云、雨、雪、雾、雷电等一切大气物理现象。本章在介绍气象基本知识的同时让大家了解气象对无人机飞行的影响。

气象要素对飞行及安全影响重大，是限制飞行的主要因素之一。已经有不少飞友因大风而炸机、因低温无功而返、因穿云而失联。无人机作业前应了解天气状况，较可靠的是通过气象站发布的天气预报，也可以使用简易的地面测量仪器，或参考当地居民的丰富经验。

5.1 大气性质要素

大气是一种物体，它是有质量的，海拔越高空气越稀薄，18000ft（1ft = 30.48cm）高度的大气密度仅仅为海平面上大气密度的1/2。

研究大气中的气象时，可将大气看作一种混合物，它由3个部分组成，即干洁空气、水汽和大气杂质。

三大气象要素为气温、气压和空气湿度。气温、气压和空气湿度的变化都会对飞机性能和仪表指示造成一定的影响，这种影响主要通过它们对空气密度的影响而实现。空气密度与气温、压力的关系为

$$p = \rho RT \text{（大气状态方程）}$$

5.1.1 气压

1. 气压的物理意义

大气的压强是指在任何表面的单位面积上，空气分子运动所产生的压力。气压与高度、温度、密度等有关，自然状况下随高度增高、温度升高，空气的密度降低（稀薄），从而气压减小。在气象上，通常用测量高度以上单位截面积的铅直大气柱的重量来表示。常用单位有毫巴（mbar）、毫米水

银柱高度（mmHg）、帕（Pa）、百帕（hPa）、千帕（kPa），国际单位制通用单位为帕。图 5-1 所示为水银气压表示意图。

国际标准大气压为标准海平面大气压，压力为 1013.25hPa，海平面温度为 15℃，海平面空气标准密度为 1.2250kg/m³。

我国北纬 45°地区的大气十分接近国际标准大气，其特征如下。

1）干洁大气，且成分不随高度改变，平均相对分子质量为 28.9644。

2）具有理想气体性质。

3）标准海平面重力加速度 $g = 9.80665\text{m/s}^2$。

图 5-1　水银气压表示意图

4）海平面绝对温度 $T = 288.150\text{K} = 15℃$，海平面空气密度 $\rho = 1.2250\text{kg/m}^3$；海平面气压 $p_0 = 1013.25\text{hPa} = 760\text{mmHg} = 1$ 个标准大气压。

5）在海拔 11000m 以下，气温垂直递减率为 0.65℃/100m；在 11000 ~ 20000m，气温不变，为 -56.5℃；在 20000 ~ 30000m，气温垂直递减率为 -0.1℃/100m。

2. 气压对无人机的影响

无人机螺旋桨旋转或机翼滑行获得的升力，与大气的密度、大气压强有关。无人机使用气压计定高，将密度不同的空气阻力情况反映给飞控程序，调整螺旋桨转速（输出动力）和机翼倾角，控制飞行中达到或维持预定的速度，操作无人机上升和下降。

气压式高度表是一种主要的航行仪表，如图 5-2 所示。根据气压随高度变化原理，气压式高度表可以表示飞机绝对高度的高低。在山地、水面

图 5-2　气压式高度表

等复杂环境中，气压表因受升降气流影响误差较高，有时可达几十米甚至数百米，需要飞手实时通过地面站予以关注。若飞机按气压式高度表指示高度定高飞行，在飞向低压区时，飞机的实际高度将逐渐降低。

气压对飞行性能的影响：海拔升高，气压降低，伴随着降低的大气压力起飞和着陆距离会增加，爬升率会减小。在青藏高原等海拔高、空气稀薄的环境中，无人机经常在降落时滑行距离较远，需要预设更长的降落距离，并在现场确定避开了山林等障碍物。近地面勘察使用的无人机，飞行高度多为 3～50m，处于对流层的下层，不同的地形地貌、水面沙丘等不同的下垫面，会造成乱流较多，干扰微型无人机，因此应时刻关注无人机的作业状态。

5.1.2 气温

1. 气温的物理意义

气温是表示大气冷热程度的物理量。大气系统热量主要是吸收太阳辐射，当太阳辐射透过大气层时，有 24% 直接被大气吸收。

在一定的容积内，一定质量的空气，其温度的高低只与气体分子运动的平均动能有关。空气的冷热程度实质上是空气分子平均动能的体现。当空气获得热量时，其分子运动的平均速度增大，平均动能增加，气温也就升高；反之，当空气失去热量时，其分子运动平均速度减小，平均动能随之减少，气温也就降低。温度以摄氏温度 t（℃）或华氏温度 t'（°F）表示的，理论研究工作中则常用绝对温度 T（K）表示。其间换算关系是：$t℃ = 5/9(t'°F - 32)$；$t℃ = TK - 273.15$。

接近地面大气的温度主要来自地面的长波辐射。海拔高的地方空气稀薄，白天空气对地面长波辐射吸收就少，温度低；晚上大气的保温作用差，温度低。因此海拔越高，气温越低。在对流层内，海拔每升高 100m，气温下降约 0.6℃。

2. 气温对无人机的影响

气温的高低不同、竖向的温差变化，都对无人机产生影响。在无人机测绘工作的 200～400m 空间，会有 1.2～2.4℃ 的温差。

1）无人机使用的锂聚合物电池最佳工作温度是 20～30℃。电池对温度很敏感，温度越低电池容量损失越快，甚至会导致电池损坏。

2）高温影响电动机的散热。小微型无人机多使用风冷却（而不是水冷却）控制温度，风冷对主板和电池的温度调节能力有限。当气温高于 35℃

时，应该注意适当减少作业时间，避免主板和电池过热。

3）无人机的部分塑料部件，在高温下容易老化，甚至变软、变形。

3. 气温对飞行的影响

1）气温对升限的影响。气温升高，所有飞机的升限都要减小。

2）气温对滑跑距离的影响。气温升高，空气密度小，飞机增速慢，飞机的离地速度增大，起飞滑跑距离增长。

3）气温对最大平飞速度的影响。气温低时，空气密度大，飞机发动机的推力增大，最大平飞速度增加。

4）气温对飞机载重的影响。当气温高于标准大气温度时，飞机的载重量减少。

5）气温对飞机机体的影响。影响飞机机体腐蚀的大气因素是空气的相对温度、空气的温差。

5.1.3 大气湿度

大气湿度是表示大气中水汽含量多少的物理量，与云、雾、降水等密切相关。表示大气湿度的物理量包括：水汽压、饱和水汽压、相对湿度和露点。图5-3所示为湿度计。

图5-3 湿度计

1. 水汽压和饱和水汽压

大气压力是大气中各种气体压力的总和。水汽和其他气体一样，也有压力。大气中的水汽所产生的那部分压力称为水汽压。它的单位和气压一样，也用 hPa 表示。在温度一定的情况下，单位体积空气中的水汽量有一定限度，如果水汽量达到此限度，空气就呈饱和状态，这时的空气称为饱和空气。饱和空气的水汽压称为饱和水汽压，也叫作最大水汽压，因为超过这个限度，水汽就要开始凝结。试验和理论都可证明，饱和水汽压随温度的升高而增大。在不同的温度条件下，饱和水汽压的数值是不同的。

2. 相对湿度

相对湿度是空气中的实际水汽压与同温度下的饱和水汽压的比值。相对湿度直接反映空气距离饱和的程度。当其接近100%时，表明空气接近于饱和。当水汽压不变时,气温升高,饱和水汽压增大,相对湿度会减小。

3. 露点

当空气中水汽含量、气压一定时,使空气冷却达到饱和时的温度称为露点温度,简称露点 (T_d)。水汽含量越多,露点越高,所以露点也是反映空气中水汽含量多少的物理量。在实际大气中,空气经常处于未饱和状态,露点温度常比气温低 $(T_d < T)$。因此,根据 T 和 T_d 的差值,可以大致判断空气中水汽距离饱和的程度。

5.2 空气运动状况要素

5.2.1 风的形成

由于地表冷热不均,空气受热膨胀上升,遇冷则收缩下沉,进而产生了大气的升降运动。温度越高,大气对流运动越明显,因此赤道地区对流效果最明显。

由于地球自传,大气还受地转偏向力的影响,北半球向东偏,南半球向西偏,于是会形成三圈环流,因此在北纬30°到赤道之间形成了东北信风。

5.2.2 对流冲击力

使原来静止的空气产生垂直运动的作用力称为对流冲击力。按照不同的形成原因,对流冲击力可分为热力对流冲击力和动力对流冲击力。

(1)热力对流冲击力 白天在太阳辐射的作用下,山岩地、沙地、城市地区比水面、草地、农田升温快,其上部空气受热后温度高于周围空气,因而体积膨胀,密度减小,使浮力大于重力而产生上升运动。夜晚正好相反。

典型案例是:海陆风的形成。其原理是:陆地吸收和散发热量比水面快。

白天,陆地表面升温较快,气温升高,空气膨胀上升,近地面空气密度变小,形成低压;海洋表面升温慢,气温较低,空气收缩下沉,海面空气密度大,就形成高压,于是风从高压吹向低压,即从海洋吹向陆地,形成海风。晚上情况正好相反,风从陆地吹向海面,形成陆风,如图5-4所示。

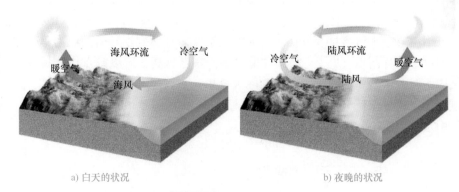

a) 白天的状况   b) 夜晚的状况

图 5-4　海陆风的形成

（2）动力对流冲击力　动力对流冲击力是由于空气运动受到机械抬升作用而引起的。如图 5-5 所示，如山地迎风坡面对空气的抬升等。

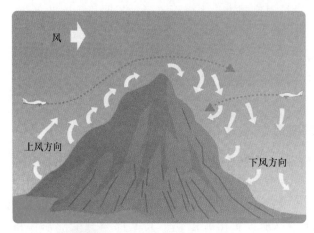

图 5-5　山地迎风坡面对空气的抬升

对流冲击力对飞行的影响如下。

1）飞机在较低高度飞行的，受上升气流或下沉气流影响而产生颠簸现象。

① 上升气流很可能发生在路面或荒地上空。

② 下降气流经常发生在水体或稠密植被的区域之上。

2）接近地面的对流气流会影响飞行员控制飞机的能力。例如，来自全无植被的地形的上升气流会产生飘浮效应，导致飞行员飞过预期的着陆点；相反，在一大片水域或稠密植被的地区之上会产生下沉效应，导致飞行员着陆在不到预期的着陆点。

5.2.3　风向和风速

风向是指风的来向，最多风向是指在规定时间段内出现频率或次数最多的风向。在气象观测中，风的方向分为较细的 16 个方位，海上多用 36 个方位表示；在高空则用角度表示。用角度表示风向，是把圆周分成 360°，北风（N）是 0°（即 360°），东风（E）是 90°，南风（S）是 180°，西风（W）是 270°。

根据风对地面物体或海面的影响程度，1806 年英国人弗朗西斯·蒲福对风力的大小，从弱到强划分为 0 ~ 12 级，共 13 个等级，即目前世界气象组织所建议的分级。后来人们发现自然界的风力实际可以大大超过 12 级，于是就把风力划分扩展到 17 级，即总共 18 个等级。目前，一般工业级无人机最高能抗 6 ~ 7 级大风。表 5 - 1 为风力风速表，表 5 - 2 为风力参照物表。

表 5 - 1　风力风速表（仅列出 7 级以下）

级数	1 级	2 级	3 级	4 级	5 级	6 级	7 级
风速/（m/s）	0.3 ~ 1.5	1.6 ~ 3.3	3.4 ~ 5.4	5.5 ~ 7.9	8.0 ~ 10.7	10.8 ~ 13.8	13.9 ~ 17.1

表 5 - 2　风力参照物表（仅列出 7 级以下）

蒲福风级	风速（m/s）	浪高/m	海面情况	陆上情况
0	0 ~ 0.2	0	平静如镜面	烟竖直向上
1	0.3 ~ 1.5	0.1	无浪：波纹柔和，如鳞状，波峰不起白沫	烟能表示风向，风向标不转动
2	1.6 ~ 3.3	0.2	小浪：小波相隔短，但波浪显著；波峰似玻璃，光滑而不破碎	人面感觉有风，树叶微摇，风向标转动
3	3.4 ~ 5.4	0.6	小至中浪：小波较大，波峰开始破碎，波浪中有白头浪	树叶和小树枝摇动不息，旗展开

（续）

蒲福风级	风速（m/s）	浪高/m	海面情况	陆上情况
4	5.5~7.9	1	中浪：小波渐高，形状开始拖长，白头浪颇频密	小树枝摇动；吹起地面灰尘和纸张
5	8.0~10.7	2	中至大浪：中浪，形状明显拖长，白头浪更多，中间有浪花飞溅	有叶的小树整棵摇摆；内陆水面有波纹
6	10.8~13.8	3	大浪：大浪出现，四周都是白头浪，浪花颇大	大树枝摇摆，持伞有困难，电线有呼呼声
7	13.9~17.1	4	大浪至特大浪：海浪突涌堆叠，碎浪有白沫，随风吹成条纹状	全树摇动，人迎风前行有困难

5.2.4　风与无人机的关系

1. 空速和地速

无人机在空气中飞行，依靠螺旋桨对周围的空气介质施加作用力而前进，操作遥控器进行的任何打杆动作，影响着飞机相对于空气的运动状态。飞行器相对于其周边空气介质的速度，称为对空速度，简称"空速"。例如，在空中松开气球后，气球越飘越远，它是被风，即空气介质团的整体裹挟而去的，相对于周围空气几乎没有移动，因此空速为零。而相对于地面气球离开的速度简称"地速"。无人机在诸如室内等平静无风的环境里，空速等于地速。而在有风的室外环境，静止在地面的人看到的无人机移动速度，还需要考虑它在空气中的相对运动。这时飞机的地速还应加上风速（顺风飞行）或减去风速（迎/逆风飞行）。即使用同样的动力，顺风飞行，无人机对地速度更快，但空速相对较低，反之也是同样道理。当空速与风速相同且方向与风向相反时，会出现什么情况呢？这时，无人机相对于地面悬停在空中，多用来拍摄固定目标。

风速和无人机的相对速度决定了升力的大小。空速需要得到实时精确的测量，反映给飞控芯片计算机。空速管是飞机上极为重要的测量仪器。空速管也叫作皮托管或总压管。它安装在飞机外面气流受到飞机影响较少的区域，一般在机头正前方、垂尾或翼尖前方。为了安全起见，有的飞机安装两套以上空速管。有的飞机在机身两侧有两根小的空速管。美国隐身飞机 F－117 在机头最前方安装了 4 根全向大气数据探管，因此该机不但可以测量大气动压、静压，而且可以测量飞机的侧滑角和迎角。

2. 风对飞行的影响

风对飞行的影响主要表现在高空或低空、顺风或逆风或侧风等情况，可以应用升力公式对各种情况进行分析，具体结果如下。

1）高空顺风：增大地速、缩短飞行时间、减少燃油消耗、增加航程。

2）高空逆风：减小地速、增加飞行时间、缩短航程。

3）高空侧风：产生偏流，需进行适当修正以保持正确航向。

4）低空逆风：增大空速、减小接地速度、缩短着陆距离，故逆风起飞和着陆。

5）低空顺风：减小空速、增大接地速度、增加着陆距离。

6）低空侧风：产生偏流，对着陆起飞产生不利影响。

5.3　大气稳定度

大气稳定度是指整层空气的稳定程度，有时也称为大气垂直稳定度。以大气的气温垂直加速度运动来判定。

大气中某一高度的一团空气，如受到某种外力的作用后，产生向上或向下的运动时，可以出现以下 3 种情况。

1）稳定状态：移动后逐渐减速，并有返回原来高度的趋势。

2）不稳定状态：移动后，加速向上或向下运动。

3）中性平衡状态：将它推到某一高度后，既不加速也不减速，而是在当前位置停下来。

5.3.1　气团

气团是指气象要素（主要指温度、湿度和大气稳定度）在水平分布上比较均匀的大范围空气团。气团的垂直高度可达几千米到几十千米，常常从地面伸展到对流层顶层，水平范围内几十千米到几千千米。

气团按照属性的不同分类不同。按气团的热力性质不同，气团可分为冷气团和暖气团；按气团的湿度特征差异，气团可分为干气团和湿气团；按气团的发源地不同，气团可分为北冰洋气团、极地气团、热带气团和赤道气团。

当气团在发源地形成后，气团中的部分空气会离开发源地移到与发源地性质不同的地面上，气团中的空气与新地表产生了热量与水分的交换，这样气团的物理属性就会逐渐发生变化，这种变化称为气团的变性。一般来说，冷气团移到暖的地区变性快，而暖气团移到冷的地区变性慢。这是因为，当冷气团离开发源地后，如果移动到下垫面比较暖的地区，冷空气会下沉，而下垫面的暖空气会上升，这样热量交换比较快，气团比较容易发生变性。

5.3.2　锋及锋面天气

冷、暖气团之间的交界面称为锋面，如图 5-6 所示。锋面与地面的交线称为锋线，锋面与锋线统称为锋。因为不同气团之间的温度和湿度有相当大的差别，而且这种差别可以向上扩展到对流层顶层，如果性质不同的两个气团相遇，它们之间就形成了锋。由于锋两侧的气团在性质上差别很大，所以会出现强烈的热量和水汽的交换，这种交换最常见的天气现象就是降雨和风。

图 5-6　锋面形成示意图

锋面可以分为冷锋、暖锋和静止锋。

(1) 冷锋　冷气团主动向暖气团一侧移动的锋面。云和降水主要出现在地面锋线后且较窄，多大雨；锋线一过云消雨散，天空通常很快放晴；风速增加，出现大风。

(2) 暖锋　暖气团主动向冷气团一侧移动的锋面。暖锋过境时，温暖湿润，气温上升，气压下降，天气多转云雨天气。暖锋比冷锋移动速度慢，可能出现连续性的降水和雾（能见度差）。

(3) 静止锋　冷暖气团势均力敌，锋面很少移动。常常冷气团稍强向南移一些，忽而暖气团强时向北推一些，使锋面呈现南北摆动的状况，也称为准静止锋。春季、初夏和秋天的连阴雨天气和梅雨天气就是受静止锋影响造成的。

5.4　大气现象要素

5.4.1　降水

降水是指从天空降落到地面的液态或固态水，包括雨、毛毛雨、雪、雨夹雪、霰和冰雹等。降水物理量的指标包括降水量和降水强度。降水量是指降到地平面而未蒸发、渗透或流失的水层积聚深度，以 mm 为单位，是表征某地气候干湿状态的重要要素；降水强度是指单位时间内的降水量，常用的单位是 mm/10min、mm/h、mm/d。我国气象部门规定：以 24h 为时间单位，总雨量不到 10mm 的雨为小雨，10.0～24.9mm 的为中雨，25.0～49.9mm 的为大雨，50mm 或 50mm 以上的为暴雨。

5.4.2　雾

地表大气中悬浮的水汽达到饱和水汽压时开始凝结，能见度低于 1000m 时，气象学称这种天气现象为雾。$1m^3$ 的空气，气温在 4℃ 时，最多能容纳的水汽量是 6.36g；而气温在 20℃ 时，$1m^3$ 的空气中最多可以含水汽量 17.30g。如果空气中所含的水汽多于一定温度条件下的饱和水汽量，多余的水汽就会凝结出来，当足够多的水分子与空气中微小的灰尘颗粒结合在一起时，水分子本身也会相互黏结，就变成小水滴或冰晶。较多的水汽和固态粒子形成了湿漉漉、白蒙蒙的雾。当水滴中含有较多的杂质甚至是污染物时，便是灰黄色的雾霾。图 5－7 所示为山区早晨比较常见的雾。

图5－7　山区早晨比较常见的雾

5.4.3　云

云是悬浮在大气中的小水滴、冰晶微粒或者是两者混合物的可见聚合群体，底部不接触地面（如接触地面则为雾），且具有一定的厚度。云的形成必须有足够的水蒸气和凝结核。

在常规气象观测中要测定云状、云高和云量。云量是指云遮蔽天空视野的成数。根据国际民航组织的规定，云满天时的云量为8。

云对安全飞行产生不利影响的原因是影响正常的目测。机场上空高度较低的云会直接影响飞机的起降，其中危害最大的云是对流云。

5.4.4　雷电

雷电一般产生于对流发展旺盛的积雨云中。云层中有大量的冰晶和水滴，在运动中产生正负电荷。电荷的分布十分杂乱，总体是云的上部以正电荷为主，下部以负电荷为主，从而在上、下部之间形成电位差。电位差达到一定程度后，就会产生放电，这就是常见的闪电现象。闪电的平均电流是 $3 \times 10^4 \, \mathrm{A}$，最大电流可达 $3 \times 10^5 \, \mathrm{A}$。放电过程中，闪电通道中温度骤增，使空气体积急剧膨胀，从而产生冲击波，导致强烈的雷鸣。带有电荷的雷云与地面的凸起物接近时，它们之间也会由于电位差而发生放电，释放高能量的光和声音，即形成闪电和雷鸣。图5-8所示为雷电。

图5-8　雷电

5.4.5　雨云雷电对无人机的影响

为了最大限度地发挥无人机的作用，多数无人机都不做防雨设计，所以不能在雨中飞行。但是，现在有些行业无人机需要在潮湿或者阴雨的环境中作业，所以会做防雨设计。

云和弥漫的大雾会影响作业人员对无人机飞行的观察视距，也会令航拍影像模糊不清甚至变形，无法还原被拍摄地表或物体的状况。

积雨云上部可高达数千米甚至数万米，但底部可低至近地面 $200 \sim 500 \mathrm{m}$，这是大部分航测固定翼和旋翼无人机的作业高度。云中大气条件复杂，水汽、电荷充沛，对流运动剧烈，这种环境中无人机和无线链路可能会引起雷击。所以，在温度骤变、雨雾、低云天气时，出于安全考虑，无人机应该停止作业。

复习思考题

5-1　大气三要素是什么？

5－2　国际标准大气压是多少？

5－3　制定国际标准大气压要求是什么？

5－4　气压下降，无人机的升力将如何变化？

5－5　气温对无人机都有什么影响？

5－6　气温升高，所有飞机的升限将如何变化？

5－7　什么叫作饱和水汽压？

5－8　什么叫作露点？

5－9　什么叫作热力对流冲击力？什么叫作动力对流冲击力？

5－10　请简单解释海陆风是如何形成的。

5－11　5级风的速度大概多少？有什么明显的标志现象？

5－12　大气稳定度是以什么因素来判断的？

5－13　什么叫作气团？

5－14　按照发源地不同，气团可以分为哪些种类？

5－15　什么叫作锋？冷锋和暖锋有什么区别？

5

第6章

飞行部分

本章开始进入到无人机的飞行部分。无人机的飞行部分将按照正常时间飞行练习程序进行分步讲解，学生在学习时可以按照步骤练习。

6.1 模拟器练习

模拟器是帮助初学者培养正确的打舵方向和打舵时机的一种计算机模拟软件。通过模拟器练习，学习者能够大大缩短入门时间和节省成本，培养出较强的条件反射能力。本课程以市场上常用的凤凰模拟器为例进行讲解。

任务1-1　掌握悬停技巧

任务目标：

1）能够完成单通道4个位置的悬停。

2）能够完成带油门通道的八位悬停。

训练1　认识两根摇杆的作用

建议学时：1学时。

教具准备：模型飞机1架。

学习目标：

1）根据摇杆的运动，能够准确说出4个舵面的名称。

2）根据屏幕上飞机的移动，能够准确说出是哪根摇杆朝哪个方向运动。

学习安排：

1）4个舵面的含义，对于此次安排练习以多旋翼模型为例。

① 副翼控制飞行器的左右平移，机头不偏转，飞行器绕自身纵轴旋转。

② 升降控制飞行器的前后平移，飞行器绕自身横轴旋转。

③ 油门控制飞行器的上下移动，飞行器沿立轴移动。

④ 方向控制飞行器的偏航旋转，飞行器绕自身立轴旋转。

2）遥控器日本手（model1）和美国手（model2）的区别如下。

① 遥控器日本手的特点是控制飞行器姿态的两个舵面（升降和副翼）分别由左手和右手控制，油门控制在右手，方向控制在左手。日本手遥控器适合需要大舵量精准控制的飞行情况，如很多航空模型比赛队员都喜欢用日本手遥控器。

② 遥控器美国手的特点是控制飞行器姿态的两个舵面统一由右手控制，油门和方向控制在左手。正常无人机飞行建议使用美国手，因为美国手右手能直接控制飞机的前后、左右飞行，比较符合中国人右手的使用习惯，而且正常作业时操作也比较简单。

③ 4个舵面对应的摇杆如下。

遥控器美国手：副翼J1摇杆，升降J2摇杆，油门J3摇杆，方向J4摇杆。

遥控器日本手：副翼J1摇杆，升降J3摇杆，油门J2摇杆，方向J4摇杆。

④ 分别写出图6-1～图6-4中各是哪种运动？分别是由哪个舵面控制的？

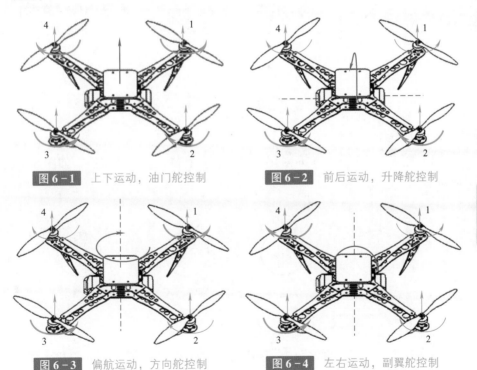

图6-1　上下运动，油门舵控制　　图6-2　前后运动，升降舵控制

图6-3　偏航运动，方向舵控制　　图6-4　左右运动，副翼舵控制

训练2　8位悬停的含义

建议学时：1学时。

教具准备：模型飞机1架。

学习目标：

1）熟悉8位悬停的基本含义。

2）理解同一姿态在不同位置的视图。

3）飞机飞行8字航线的过程中，飞机姿态在各个点的变化过程如图6-5所示。

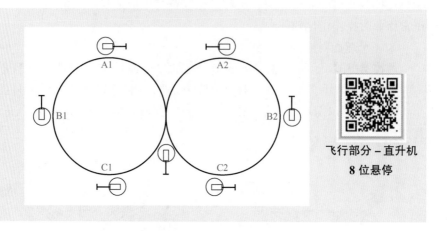

飞行部分-直升机
8位悬停

图6-5　飞行8字航线

学习安排：

1）用模型飞机分别演示对尾、对头、左右侧位悬停的状态，如图6-6所示。

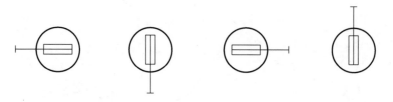

图6-6　对右姿态、对尾姿态、对左姿态、对头姿态

2）用模型飞机分别演示45°悬停的4种状态，每个姿态均是以机头朝向的位置来判断的，如图6-7所示。

图6-7 对尾右45°姿态、对尾左45°姿态、对头左45°姿态、对头右45°姿态

3）在飞机以机头向右的状态从左向右飞行的过程中，简述1、2、3、4、5这5个位置相对于操作者姿态的变化过程，如图6-8所示。

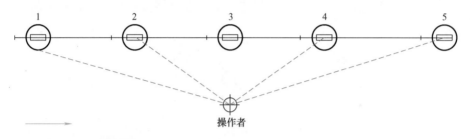

图6-8 对头、对头右45°、对右、对尾右45°、对尾

当飞机在左侧远端时，操作者看得多的是机头的范围，而机身的侧面看得很少，这时可以把此刻的姿态理解为对头。当飞机保持同一姿态慢慢向操作者靠近的过程中，看见机身的侧面越来越多，机身相对于操作者也慢慢转变成为侧面姿态。这就是随着飞机和操作者位置的变化，即使飞机的姿态没有发生变化，但是相对于操作者，飞机姿态永远都是在一个动态变化的过程中。

4）当飞机以对头姿态从左侧向右侧平移飞行过程中，简述相对于操作者姿态的变化过程，如图6-9所示。

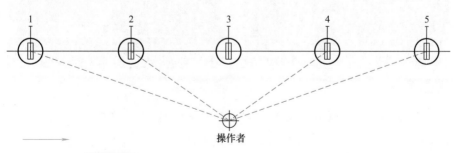

图6-9 对左、对头左45°、对头、对头右45°、对右

任何一种姿态都不是孤立的，它永远处于转换过程中，所以对姿态的转换要随时能够判断。

训练3　模拟器单通道练习

建议学时：8学时。

教具准备：模拟器和计算机。

学习目标：能够在每个单通道下把飞机停在此通道运动方向上的任何点上。

1）以副翼通道为例，将飞机能够很稳定地停留在1、2、3、4、5这五点上，如图6-10所示。

2）在升降通道上也可以将飞机能够很稳定地停留在图6-10所示的1、2、3、4、5这五点上。

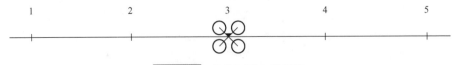

图6-10　操作副翼直线平移

学习安排：进入模拟器悬停训练的单通道模式，如果选择直升机，应把模拟速度改为70%，多旋翼保持默认值100%。

（1）副翼单通道练习

1）如图6-11所示，副翼在对尾悬停姿态下，飞机向左运动，副翼应向右修舵；飞机向右运动，副翼应向左修舵。

2）如图6-12所示，副翼在对头悬停姿态模式下，飞机向右运动，副翼应向右修舵；飞机向左运动，副翼应向左修舵。

图6-11　单通道（副翼）对尾悬停练习　　**图6-12**　单通道（副翼）对头悬停练习

3）如图6-13所示，副翼在对左悬停姿态模式下，飞机远离自己而去，副翼应向左侧修舵；飞机靠近自己而来，副翼应向右侧修舵。

4）如图6-14所示，副翼在对右悬停姿态模式下，飞机远离自己而去，副翼应向右侧修舵；飞机靠近自己而来，副翼应向左侧修舵。

图 6-13　单通道（副翼）对左悬停练习

图 6-14　单通道（副翼）对右悬停练习

（2）升降单通道练习

1）如图 6-15 所示，升降在对尾悬停姿态模式下，飞机向前运动，升降应向后拉舵；飞机向后运动，升降应向前推舵。

2）如图 6-16 所示，升降在对头悬停姿态模式下，飞机远离自己而去，升降应向前推舵；飞机靠近自己而来，升降应向后拉舵。

图 6-15　单通道（升降）对尾悬停练习

图 6-16　单通道（升降）对头悬停练习

3）如图 6-17 所示，升降在对左悬停姿态模式下，飞机向左运动，升降应向后拉舵；飞机向右运动，升降应向前推舵。

4）如图 6-18 所示，升降在对右悬停姿态模式下，飞机向左运动，升降应向前推舵；飞机向右运动，升降应向后拉舵。

图 6-17　单通道（升降）对左悬停练习

图 6-18　单通道（升降）对右悬停练习

6

小提示：

1）对尾状态下，副翼的修正方向与飞机漂移方向相反；对头状态下，副翼的修正方向与飞机漂移方向相同。

2）不管什么状态下，推升降舵，飞机是低头；拉升降舵，飞机是仰头。

3）着重体会操作的两大原则，即细腻和提前。

4）一旦飞机偏离中心位置，不要急于一把把飞机拉回来，而是偏到哪里就先在哪里稳定住，之后再慢慢拉回来。

5）用眼睛看到飞机姿态发生变化了再修舵已经晚了，相信直觉对飞机姿态的判断，在飞机姿态变化前修舵才是最佳的时机。

训练4 模拟器双通道练习

建议学时：20学时。

教具准备：模拟器和计算机。

学习目标：

1）能够在双通道下把飞机缓慢地做"米"字平移 A—A1、B—B1、C—C1、D—D1，如图6-19所示。

2）能够在其他3种姿态下同样完成平移控制。

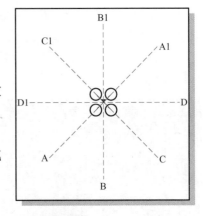

图6-19 "米"字平移

学习安排：

1）进入悬停模式下的双通道训练。

2）对尾悬停模式下，飞机在中心点保持悬停。

3）对尾悬停模式下，飞机在A、B、C、D点保持悬停。体会飞机不在正前方悬停时（A、C、D点）在操作上有什么不同。

4）对尾悬停模式下，飞机在A1、B1、C1、D1点保持悬停。

5）对尾悬停模式下，飞机从A点缓慢移向A1点，移动过程中，体会打舵的先后顺序。

6）对尾悬停模式下，完成B—B1、C—C1、D—D1的移动，并写出平移修舵的感受和悬停修舵感受的不同。

7）保持对头悬停模式下，完成第1、2、3、4、5、6项。

8）保持对左悬停模式下，完成第1、2、3、4、5、6项。

9）保持对右悬停模式下，完成第1、2、3、4、5、6项。

小提示：

在某个姿态下，只有把飞机位置能够前后、左右熟练平移了，才算这个姿态的练习完全过关了。

训练5 带油门全通道悬停练习

建议课时：20 学时。

教具准备：模拟器（如图 6 - 20 所示，F3C 方框全通道练习场地）和计算机。

图 6 - 20 F3C 方框全通道练习场地

学习目标：能够在所有通道情况下把飞机停在中心圆圈内保持 10s 以上，高度 2m（旗杆高度）。

学习安排：

1）如图 6 - 21 所示，飞机对尾状态下在 A、B、C、D 这四点保持悬停。飞机在悬停时，可以分为以下 4 个等级。

① 在 A 点圆圈内悬停时，可以定义为优。

② 在 B 点圆圈内悬停时，可以定义为良。

③ 在 C 点圆圈内悬停时，可以定义为合格。

④ 在 D 点圆圈外悬停时，可以定义为不合格。

飞机在训练对尾悬停时，首先要学习使用油门舵，让飞机平稳地爬升到一定高度后悬停，在这个过程中油门是基础。

当飞机起飞以后，会在三维空间内的任一方向飘动，这时就应结合升降舵和副翼舵，把飞机悬停到要求的框内。

当要想把飞机悬停在 A 点时，就要求眼睛和手的配合，在感觉飞机即将要飘走之前，就将其拉回来，平稳而迅速地完成这个过程。

飞机的对尾悬停中，前后、左右运动和自己所处的环境的动态是一样的，所以对尾悬停也是最容易的一个姿态。

2）如图 6 - 22 所示，飞机对头状态下在 A、B、C、D 这四点保持悬停。

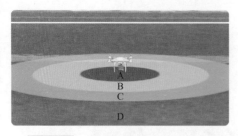

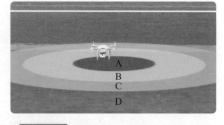

图 6 - 21　对尾悬停评分标准示意图　　　图 6 - 22　对头悬停评分标准示意图

飞机的对尾训练完毕以后，接下来应是对头悬停训练，对头悬停练习是基于对尾悬停基础之上。

将飞机对尾悬停平稳以后，旋转 180° 就是对头。在这个旋转过程中，要注意使飞机保持平稳，不要让飞机有较大的姿态角。

升降舵和副翼舵都是反的，也就是运动方向朝哪边移动，就朝哪个方向打舵。这个规律很重要，当飞机有向左飘动的趋势时，一定要迅速压左副翼抑制飞机这种往左的运动趋势；当飞机有朝后运动的趋势时，一定迅速地往后拉升降舵抑制飞机这种往后的运动趋势。当然，这个规律在开始阶段可以帮助操作者来迅速判断，最终希望操作者能够达到一种熟练的本能反应。

在练习对头悬停过程中最易出现的错误是对头时推升降杆，飞机向自己飞来。

3）如图 6 - 23 所示，飞机对右状态下在 A、B、C、D 这四点保持悬停。

飞机的对右悬停同样也是基于对尾悬停基础之上，将飞机的对尾悬停稳住，顺时针旋转 90°，就可以得到对右悬停。

在对右悬停过程中，特别注意的是不要错舵，会产生分不清前后、左右，所以可先微微侧身，身体朝向机头的方向，有点类似于对尾的感觉，这样有助于迅速判断打舵的方向。

4）如图 6 - 24 所示，飞机对左状态下在 A、B、C、D 这四点保持悬停。

飞机的对左悬停同样也是基于对尾悬停基础之上，将飞机的对尾悬停稳住，逆时针旋转 90°，就可得到对左悬停。

对左悬停训练，可以对照对右悬停的方法练习。

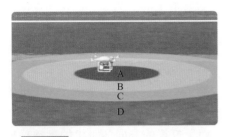

图 6-23 对右悬停评分标准示意图

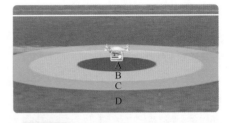

图 6-24 对左悬停评分标准示意图

5）如图 6-25 所示，飞机对尾左 45°状态下在 A、B、C、D 这四点保持悬停。

飞机的对尾左 45°悬停姿态是在对尾的基础上，逆时针旋转 45°，即对尾左 45°悬停。在这个过程中要注意，飞机在偏移的过程中，升降舵和副翼舵应相互配合，使飞机悬停到 A 点上。

对尾左 45°悬停，一般就以对尾悬停的方式去修舵，不会出现错舵，关键是对尾 45°悬停可能同时需要两个舵面去修正才能回到理想的位置。而单纯的对尾悬停可能仅仅每次只需要修正单个舵面就可以到达理想的位置。

6）如图 6-26 所示，飞机对尾右 45°状态下在 A、B、C、D 这四点保持悬停。

图 6-25 对尾左 45°悬停评分标准示意图 图 6-26 对尾右 45°悬停评分标准示意图

飞机的对尾右 45°悬停姿态是在对尾的基础上，顺时针旋转 45°，即对尾右 45°悬停。在这个过程中要注意，飞机在偏移的过程中，升降舵和副翼舵需要同时操作，才能使飞机悬停到 A 点上。

对尾右 45°悬停，参照对尾左 45°悬停的练习方式，在这里比单纯对尾控制更先进的是需要锻炼同时感受两个舵面的运动趋势来迅速修正的能力。这比单纯的四位悬停的修正又前进了一步。

7）如图 6-27 所示，飞机对头右 45°状态下在 A、B、C、D 这四点保持悬停。

飞机的对头右 45°悬停姿态是在对头的基础上，逆时针旋转 45°，即对头右 45°悬停。

对头 45°悬停相对于对尾 45°稍难些。但有对头悬停作为基础，在飞机偏移的过程中，以对头的方式去修舵，不会出现错舵。对于美国手的操作者，可以尝试斜向打舵，同时控制升降副翼舵面，打杆的方向与飞机的运动趋势一致。对于日本手的操作者，需要双手同时协调。

8）如图 6-28 所示，飞机对头左 45°状态下在 A、B、C、D 这四点保持悬停。

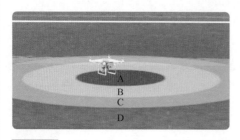

图6-27 对头右 45°悬停评分标准示意图　图6-28 对头左 45°悬停评分标准示意图

飞机的对头左 45°悬停姿态是在对头的基础上，顺时针旋转 45°，即对头左 45°悬停。

对头 45°悬停相对于对尾 45°稍难些。可以参照对头右 45°的练习方式，左右必须达到同样的熟练程度。

小提示：

1）由于加入了油门通道和方向通道，之前建立起来的协调打舵的感觉会被打破，需要重新练习 4 个舵面的协调能力。

2）理解油门控制和副翼升降舵操作的差异性。

3）把飞机的漂移控制在方框范围内。思考在双通道时能把飞机稳定地控制在一个点附近，为什么加入油门和方向舵后，飞机却控制不住了？

训练 6　直线平移练习

建议学时：8 学时。

教具准备：模拟器和计算机。

学习目标：

1）能够将飞机在对尾姿态下按 A→B→C→D→A 路线进行匀速飞行。

2）在对头、对左、对右3种姿态下同样完成上面的轨迹运动，如图6-29所示。

学习安排：

1）A、B两点间横向平移，如图6-30所示。

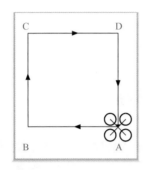

图6-29　直线平移示意图

图6-30　直线平移A→B示意图

① 调出模拟器场景中的F3C方框场地。

② 手动起飞，将飞机在A点悬停。

③ 将飞机悬停在A点，保持飞行高度2m不变，时间为10s。

④ 在A点悬停时，同时去观察B点的位置（将飞机从A点移动到B点，保持速度匀速缓慢很重要，此时控制速度的是副翼舵面）。

⑤ 再将飞机匀速飞到B点悬停，此过程中保持高度不变，控制好飞机的速度（副翼舵），同时用升降舵控制直线飞行轨迹的精确。

⑥ 飞机到B点悬停，高度2m，悬停时间为10s。

考核要点：这里考核的是对主要舵面和次要舵面协调的控制能力，如果轨迹不够直，需要反复练习。

2）B、C两点间竖向平移，如图6-31所示。

① 在B点悬停的过程中，去观察C点的位置。

② 将飞机匀速飞到C点悬停，此过程中保持高度不变，控制好飞机的速度（升降舵），同时用副翼舵控制直线飞行轨迹的精确。

图6-31　直线平移B→C示意图

3）C、D两点间横向平移，如图6-32所示。

① 在C点悬停的过程中，去观察D点的位置。

② 将飞机匀速飞到D点悬停，此过程中保持高度不变，控制好飞机的速度（副翼舵），同时用升降舵控制直线轨迹的精确。

③ 飞机到 D 点悬停，高度 2m，悬停时间 10s。

4）D、A 两点间竖向平移，如图 6 – 33 所示。

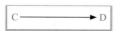

图 6 – 32　直线平移 C→D 示意图　　　　图 6 – 33　直线平移 D→A 示意图

① 在 D 点悬停的过程，去观察 A 点的位置。

② 将飞机匀速飞到 A 点悬停，此过程中保持高度不变，控制好飞机的速度（升降舵）。

③ 飞机到 A 点悬停，高度 2m，悬停时间 10s。

注意：将飞机从 D 点飞到 A 点时要注意速度，减速，慢行，再回到 A 点悬停。

考核要点：这里考核的是对主要舵面和次要舵面的协调控制能力，如果轨迹不够直，需要反复练习。

小提示：

1）使飞机直线运动时，可以先压住主要舵面，辅助舵面随时调整以便保持直线运动的精确。

2）继续用其他 3 种姿态分段完成 A→B、B→C、C→D、D→A 的移动，高度、速度需要一直保持恒定的参数，每到一个点可以保持悬停 10s。

3）如果是 90°姿态平移，则控制速度的是一个舵面，控制轨迹精确的是另一个舵面。

4）如果是 45°姿态平移，则需要同时用两个舵面来控制速度和轨迹的精确，不分主次。对于这两种情况，它们的相同点是油门舵面时刻保持调整来控制飞行高度的一致。

5）保持每个点停顿 3s 连续移动。最终的练习效果是在移动过程中，能随时停留在某点，又能随时起动。

6）无人机在飞行过程中油门舵的调整频率比悬停时的调整频率要高很多。

7）飞行过程中日本手与美国手各个舵之间的配合应注意什么？

训练7 练习斜向平移

建议课时：8学时。

教具准备：模拟器和计算机。

学习目标：

1）能够将飞机对尾姿态下按 A→B→C→D→A 路线进行匀速飞行，如图6-34所示。

2）在对头、对右、对左3种姿态下同样完成上面的轨迹运动。

3）体会斜向打舵的细腻操作方法。

学习安排：

1）A、B间斜向平移，如图6-35所示。

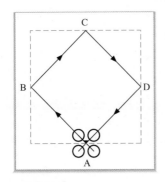

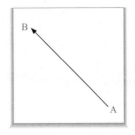

图 6-34 斜向平移示意图　　　　　**图 6-35** 斜向平移 A→B 示意图

① 手动起飞，将飞机在 A 点悬停。

② 将飞机悬停在 A 点，保持飞行高度 2m 不变，时间为 10s。

③ 在 A 点悬停时，同时去观察 B 点的位置。

④ 将飞机匀速飞到 B 点悬停，此过程中保持高度不变，控制好飞机的速度（升降舵与副翼舵）。

⑤ 将飞机悬停在 B 点，保持飞行高度 2m 不变，时间为 10s。

考核要点：飞行过程中一定要保持轨迹精准（副翼和升降舵的协调精准打舵能力），高度的统一（油门舵的快速修正能力）。如果没达到这两点要求，需要反复练习。

2）B、C间斜向平移，如图6-36所示。

① 在 B 点悬停的同时去观察 C 点的位置。

② 将飞机匀速飞到 C 点悬停，此过程中保持高度不变，控制好飞机的速度（升降舵与副翼舵）。

③ 将飞机悬停在 C 点，保持飞行高度 2m 不变，时间为 10s。

考核要点：飞行过程中一定要保持轨迹精准（副翼和升降舵的协调精准打舵能力），高度的统一（油门舵的快速修正能力）。如果没达到这两点要求，需要反复练习。

3）C、D 间斜向平移，如图 6 - 37 所示。

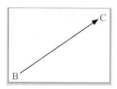

图 6 - 36　斜向平移 B→C 示意图　　　**图 6 - 37**　斜向平移 C→D 示意图

① 在 C 点悬停的同时去观察 D 点的位置。

② 将飞机匀速飞到 D 点悬停，此过程中保持高度不变，控制好飞机的速度（升降舵与副翼舵）。

③ 将飞机悬停在 D 点，保持飞行高度 2m 不变，时间为 10s。

考核要点：飞行过程中一定要保持轨迹精准（副翼和升降舵的协调精准打舵能力），高度的统一（油门舵的快速修正能力）。如果没达到这两点要求，需要反复练习。

4）D、A 间斜向平移，如图 6 - 38 所示。

① 在 D 点悬停的同时去观察 A 点的位置。

② 将飞机匀速飞到 A 点悬停，此过程中保持高度不变，控制好飞机的速度（升降舵与副翼舵）。

③ 将飞机悬停在 A 点，保持飞行高度 2m 不变，时间为 10s。

图 6 - 38　斜向平移 D→A 示意图

考核要点：飞行过程中一定要保持轨迹精准（副翼和升降舵的协调精准打舵能力），高度的统一（油门舵的快速修正能力）。如果没达到这两点要求，需要反复练习。

小提示：

1）飞机的斜向运动需要副翼和升降舵同时打杆，而不是一前一后。

2）在飞机飞向某点的过程中，要用眼睛余光始终盯着目标点，这样才能始终保持运动轨迹的方向正确。

3）改变初始姿态重复以上 4 点做图 6 - 34 所示的轨迹运动，体会两个方向同时打舵的感觉。

4）试着说说斜向移动和正向移动打舵的差异。

5）完成以上任务后，你对油门舵的关注度有多少？

6）在完成此航线的飞行后，有什么感想和体会？

训练8　练习45°平移

建议课时：8学时。

教具准备：模拟器和计算机。

学习目标：能够将飞机按照对头45°姿态按图6-39所示路线进行平移练习 A→A1、B→B1。

学习安排：

1）按图6-40所示平移（A↔A1）。

① 将飞机以对尾的姿态悬停，然后顺时针旋转45°即可。

② 将飞机以对尾45°的姿态悬停在中心点，保持飞行高度 2m 不变，时间为 10s。

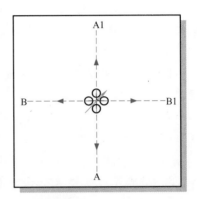

图 6-39　45°平移示意图

③ 让飞机沿纵向前后平移，由中心点平移到 A1 点。

④ 在此过程中要注意飞机容易偏离纵向线，这就要求推升降舵和压副翼舵，使飞机到达 A1 点悬停。

⑤ 将飞机由 A1 到中心点再到 A 点平移。

考核要点：能否提前观察目标点，这样有助于让操作者更加主动地控制飞机，而不是被动地去修正飞机。

2）按图6-41所示平移（B↔B1）。

图 6-40　45°平移 A↔A1 示意图

图 6-41　45°平移 B↔B1 示意图

① 将飞机以对尾的姿态悬停，然后顺时针旋转 45°即可。

② 将飞机以对尾 45°的姿态悬停在中心点，保持飞行高度 2m 不变，时间为 10s。

③ 让飞机沿横轴左右平移，由中心点平移到 B1 点。

④ 在此过程中要注意飞机容易偏离纵向线，这就要求修正升降舵和副翼舵，使飞机到达 B1 点悬停。

⑤ 将飞机由 B1 到中心点再到 B 点平移。

考核要点：轨迹飞得直不直其实跟观察方式有很大关系，从本训练开始慢慢加入飞行观察方式的能力锻炼。

小提示：

1）飞行的轨迹精确与否不是靠眼睛盯着航迹获得的，那样只能发现错误，不能及时弥补，永远处在被动修正错误的阶段。如果能够提前观察到下一个目标点，做到心中有航线，就能主动操控飞机往自己想去的方向，从而能够避免手忙脚乱的情况发生。

2）飞机的 45°姿态做直线运动也需要副翼升降舵同时协调打舵。

3）当机头朝向 45°时你是依靠什么作为参考的？如何判断出机头方位的准确性？

4）机头朝向 45°与机头朝向 90°（对尾）在飞行中有什么区别？

训练9　四位悬停练习

建议课时：6 学时。

教具准备：模型飞机 1 架，模拟器和计算机。

学习目标：能够将飞机在中心黄圈内四位悬停，每个位置停留 1s，高度 2m。

学习安排：

1）按图 6－42 所示对尾起飞。

2）将飞机以对尾方式悬停在中心黄圈内起飞，高度 2m 不变，时间为 10s，如图 6－43 所示。

3）将飞机按照逆时针旋转 90°，平稳地旋转，不要出现大姿态角。

4）机头向左悬停在中心黄圈内，高度 2m，保持 10s。注意修正副翼。

5）继续将飞机按逆时针方向旋转 90°，如图 6－44 所示。

6）然后以对头姿态悬停在中心黄圈内，高度 2m，保持 10s。注意修正升降舵。

7）继续将飞机按逆时针方向旋转 90°，如图 6－45 所示。

图 6-42　全通道对尾悬停

图 6-43　全通道对左悬停

8）然后机头向右侧悬停姿态停在中心黄圈内，高度 2m，保持 10s。注意修正副翼舵。

图 6-44　全通道对头悬停

图 6-45　全通道对右悬停

9）继续将飞机按逆时针旋转 90°。

10）然后飞机以对尾姿态悬停，完成四位悬停。

11）重复以上步骤，把停留时间缩短为 5s。5s 时间一到，转换到下一个姿态，此时如果飞机处在飘移当中，就应在飘移当中边修正边转姿态。继续重复以上步骤，把停留时间缩短为 1s。

12）继续重复以上步骤，把顺时针旋转也练习一下。

考核要点：锻炼的就是 4 个姿态的熟练程度，短时间内能迅速地由一个姿态转换到另一个姿态。

小提示：

1）本节练习 4 个姿态的快速转换能力。练习的重点是按时间来转换，时间一到必须转换姿态，可以借用计时器作为辅助。

2）你是怎样观察飞机转向过程中各个姿态变换的？

3）当任务进行中突然出现大姿态转变时你是怎样应对和处理的？

6

训练10　八位悬停练习

建议课时：6学时。

教具准备：模拟器和计算机。

学习目标：将飞机在中心黄圈内八位悬停，每个位置停留1s，高度2m。

学习安排：

1）按图6-46所示姿态对尾起飞。

2）将飞机以对尾方式悬停在中心黄圈内，高度2m不变，保持10s。

3）将飞机按照逆时针方向旋转45°，飞机将以对尾的左45°方式悬停在中心黄圈内，高度2m，保持10s，如图6-47所示。

图6-46　全通道对尾起飞

图6-47　全通道对尾左45°悬停

4）将飞机按照逆时针方向旋转45°，机头向左悬停在中心黄圈内，高度2m，保持10s，如图6-48所示。注意调整副翼。

5）将飞机按照逆时针方向旋转45°，飞机将以对头的左45°方式悬停在中心黄圈内，高度2m，保持10s，如图6-49所示。

图6-48　全通道对左悬停

图6-49　全通道对头左45°悬停

6）将飞机按照逆时针方向旋转45°，飞机以对头姿态悬停在中心黄圈内，高度2m，保持10s，如图6-50所示。注意调整升降舵。

7）将飞机按照逆时针方向旋转45°，飞机将以对头右45°方式悬停在中心黄圈内，高度2m，保持10s，如图6-51所示。

图 6 - 50 全通道对头悬停

图 6 - 51 全通道对头右45°悬停

8）将飞机按照逆时针方向旋转45°，飞机将以对右悬停在中心黄圈内，高度2m，保持10s，如图6-52所示。注意调整副翼。

9）将飞机按照逆时针方向旋转45°，飞机将以对尾的右45°方式悬停在中心黄圈内，高度2m，保持10s，如图6-53所示。

图 6 - 52 全通道对右悬停

图 6 - 53 全通道对尾右45°悬停

10）将飞机按照逆时针方向旋转45°，飞机将以对尾方式悬停在中心黄圈内，高度2m，保持10s，如图6-54所示。

11）当飞机重新回到对尾状态时，结束一个训练过程。

图 6 - 54 全通道对尾悬停

6

12）重复以上步骤，把停留时间缩短为5s、1s。

13）继续重复以上步骤，把顺时针方向旋转的八位悬停练习停留时间缩短到1s。

考核要点：锻炼的就是8个姿态的熟练程度，短时间内能迅速地由一个姿态转换到另一个姿态。

小提示：

1）各个姿态转变中你是怎么总结简化的？

2）每一个角度的高度是怎样变化的？你是如何在转变角度中操作油门

舵的？

3）你认为八位悬停动作与四位悬停动作应注意和关注的区别在哪？

4）四位悬停对八位悬停的帮助是什么？

任务 1-2　模拟器上 8 字飞行技能的训练

航线是由若干个点组成的，在上一个任务的悬停基本功练习扎实的条件下，可以把若干个点的悬停慢慢连贯起来，形成慢速的各种航线。

任务目标：能够完成 8 字慢速航线的飞行。

训练 1　"米"字平移

建议课时：6 学时。

教具准备：模拟器和计算机。

学习目标：将飞机沿 A—A1、B—B1、C—C1 这 3 段做平移。其中 A 段飞机姿态是对左平移，B 段是对右平移，C 段是对头平移。每段平移都需要经过中心点 O，在每个端点处需要保持悬停 5s，如图 6-55 所示。

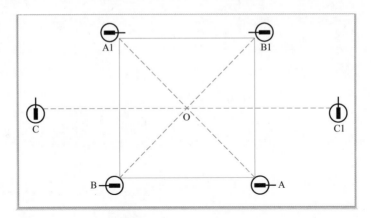

图 6-55　"米"字平移示意图

学习安排：

1. 选择合适的训练背景

1）选择场地。

2）选择场地布局。

3）单击 F3C 方框。

2. A 段悬停移动协调训练

1）飞机在 O 点保持对尾悬停 1min。

2）逆时针方向原地旋转90°至左侧位悬停1min，如图6-56所示。

3）向右操作副翼，使飞机向远处飞行。

4）在飞机向远处移动的同时向前推升降舵，使飞机向左移动。

5）协调升降舵和副翼舵，使飞机匀速向左前方移动。

6）移动飞机到A1点，飞机悬停1min，如图6-57所示。

7）向左操作副翼，使飞机向近处移动。

8）在飞机向近处移动的同时向后拉升降舵，使飞机向右移动。

图 6-56 左侧位悬停　　　　图 6-57 A1点左侧位悬停

9）协调飞机升降舵和副翼舵，使飞机匀速向A1点右下方移动。

10）移动飞机至O原点，悬停1min。

11）向后拉升降舵，使飞机向后移动。

12）在飞机向后方移动时，向左操作副翼，使飞机向近处移动。

13）协调升降舵和副翼舵，使飞机匀速向O点右下方移动。

14）移动飞机到A点，飞机悬停操作1min。

15）向右操作副翼，使飞机向远处运动。

16）在飞机向远处运动的同时，向前推升降舵，使飞机向前运动。

17）协调升降舵和副翼舵，使飞机匀速向A点右前方移动，如图6-58所示。

18）操作飞机在O点悬停，顺时针旋转90°，对尾悬停1min。

3. B段悬停移动协调训练

图 6-58 A点左侧位悬停

1）飞机在O点原地顺时针方向旋转90°至右侧位，悬停1min，如图6-59所示。

2）向左压副翼，使飞机向远处运动。

3）在飞机向远处运动的同时向前推升降舵，使飞机向前运动。

4）协调升降舵和副翼舵，使飞机匀速向O点左上方运动，至B1点，如图6-60所示。

5）飞机在B1点悬停1min。

6）向右操作副翼，使飞机向近处运动。

图6-59 右侧位悬停

图6-60 B1点右侧位悬停

7）在飞机向近处移动时，向后拉升降舵，使飞机向左移动。

8）协调升降舵和副翼舵，使飞机匀速向O点移动。

9）操作飞机在O点悬停5s。

10）向后拉升降舵，使飞机先向左移动。

11）在飞机向左移动的同时，向右操作副翼，使飞机向近处移动。

12）协调升降舵和副翼，使飞机匀速向B点移动。

13）操作飞机在B点悬停5s，如图6-61所示。

14）向左操作副翼，使飞机向远处移动。

15）向前推升降舵，使飞机向右移动。

16）协调升降舵和副翼舵，保持飞机姿态小变化，使飞机匀速向O点移动。

图6-61 B点右侧位悬停

17）操作飞机在O点右侧悬停5s。

18）原地逆时针方向旋转90°，对尾悬停1min。

4. C段悬停移动协调训练

1）在O点原地旋转180°至飞机对头位置，悬停5s，如图6-62所示。

2）向右操作副翼，使飞机向左移动。

3）控制升降舵，使飞机尽量保持直线飞行。

4）在控制升降舵的同时，修正副翼控制速度，保持飞机匀速向 C 点移动。

5）保持飞机姿态在 C 点悬停 5s，如图 6－63 所示。

6）向左操作副翼，使飞机向右移动。

图 6－62　对头悬停

图 6－63　C 点对头悬停

7）控制升降舵，尽量使飞机保持直线移动。

8）控制副翼使飞机匀速向 O 点移动。

9）在 O 点对头悬停 5s。

10）向左操作副翼，使飞机向右移动。

11）控制副翼，保持飞机匀速。

12）修正升降舵，尽量使飞机保持直线移动。

13）在 C1 点悬停 5s，如图 6－64 所示。

14）向右操作副翼，使飞机向左移动。

15）控制升降舵和副翼，尽量使飞机匀速，并保持直线移动。

图 6－64　C1 点对头悬停

16）在 O 点对头悬停 5s。

小提示：

1）在本训练中，心中默想在本章任务 1－1 中训练 7、训练 8 飞行中观察飞机的方式，继续锻炼自己用眼睛提前观察目标点，主动控制飞机飞行的能力。

2）在控制姿态方面可以有针对性地把 8 字的 4 个主要特征点姿态加以巩固，如果感到非常吃力，可以返回到任务 1－1 训练 7 斜向平移练习中进

6

行加强。

3）仔细按步骤练习，体会升降舵和副翼在不同情况下的操作顺序。

4）航线练习，控制飞机与自己的相对位置是关键，当发现其中有一侧方位平移过程中发生较大的偏移时，判断是什么原因造成的？

5）你觉得平移过程中你的速度是什么决定的？

6）机头朝向一致但位置远近不同的两个机位，作为一个观察者，你是以什么角度来观察的？尝试复习任务1-1的训练2中8位姿态的转化。

训练2　八位直线平移练习

建议学时：20学时。

教具准备：模拟器和计算机。

学习目标：每旋转45°就平移一段距离，旋转和平移是同时进行的，从中点往左然后往右，最后又回到中点，即航线为1→2→3→4→16→1，如图6-65所示。

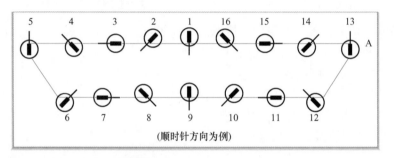

图6-65　八位直线平移示意图

学习安排：

1）在模拟器中调出F3C的直线场地。

① 选择场地。

② 选择场地布局。

③ 单击F3C直线场地。

2）完成顺时针方向自旋航线。

① 完成后退自旋航线90°旋转（1→3），如图6-66所示。

a. 飞机对尾悬停1min。

b. 顺时针方向旋转45°，并向左操作副翼，使飞机向左移动。

c. 保持飞机向左移动，继续旋转飞机45°，至右侧位。

d. 控制副翼使飞机在直线上，右侧位悬停5s。

图 6 - 66　1→3 段航线平移

② 完成后退自旋航线 180°旋转（3→5），如图 6 - 67 所示。

a. 向后拉升降舵使飞机向左移动，并继续使飞机顺时针方向旋转 45°。

b. 转至对头 45°向右操作副翼，并保持飞机顺时针方向旋转，至对头。

c. 对头悬停 5s。

图 6 - 67　3→5 段航线平移

③ 完成后退自旋航线 270°旋转（5→7），如图 6 - 68 所示。

a. 向左操作副翼，使飞机向右方移动，并继续顺时针方向旋转飞机 45°。

b. 飞机转至对头 45°时向后拉升降舵，保持飞机旋转，至左侧位。

c. 左侧悬停 5s。

图 6 - 68　5→7 段航线平移

④ 完成后退自旋航线360°旋转（7→9），如图6-69所示。

a. 向后拉升降舵，使飞机向右移动，保持飞机继续顺时针方向旋转。

b. 飞机转至对尾45°向右操作副翼，保持飞机继续顺时针方向旋转至对尾。

c. 对尾悬停5s。

图6-69 7→9段航线平移

⑤ 完成前进自旋航线90°旋转（9→11），如图6-70所示。

a. 顺时针方向旋转45°，并向右操作副翼，使飞机向左移动。

b. 保持飞机向左移动，继续旋转飞机45°，至右侧位。

c. 控制副翼使飞机直线上，右侧悬停5s。

图6-70 9→11段航线平移

⑥ 完成前进自旋航线180°旋转（11→13），如图6-71所示。

图6-71 11→13段航线平移

a. 向前推升降舵使飞机向左移动，并继续使飞机顺时针方向旋转45°。

b. 转至对头右45°向左操作副翼，并保持飞机顺时针旋转，至对头。

c. 对头悬停5s。

⑦ 完成前进自旋航线270°旋转（13→15），如图6-72所示。

a. 向右操作副翼，使飞机向右方移动，并继续顺时针方向旋转飞机45°。

b. 飞机转至对头左45°时向前推升降舵面，保持飞机旋转，至左侧位。

c. 左侧悬停5s。

图6-72　13→15段航线平移

⑧ 完成前进自旋航线360°旋转（15→1），如图6-73所示。

a. 向前推升降舵使飞机向左移动，并继续使飞机顺时针方向旋转45°。

b. 转至对尾左45°向左操作副翼，并保持飞机顺时针方向旋转，至对尾。

c. 对尾悬停5s。

图6-73　15→1段航线平移

3）参照第2）步完成逆时针方向自旋航线。

小提示：

1）这项任务锻炼的是在行进过程中协调升降舵和方向舵的能力，为之后飞行水平8字做准备。

2）请思考一下移动中的八位和悬停中的八位有什么不同？

3）同样的一个姿态放在操作者正前方做和远处做，操作有什么不同？

4）飞行中速度如何与方向配合？

5）飞行中如何保持平移？如何将打舵与飞机姿态相配合？

训练3　八位曲线平移练习

建议学时：20 学时。

教具准备：模拟器和计算机。

学习目标：每旋转 45°就沿曲线移动一段距离，旋转和移动是同时进行的，即航线为 1→2→3→4→5→6→7→8→1，如图 6-74 所示。

学习安排：

1）在模拟器中调出 F3C 的方框场地。

①选择场地。

②选择场地布局。

③单击 F3C 方框。

2）完成 1/4 圆，如图 6-75 所示。

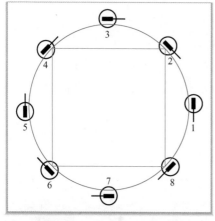

图 6-74　八位曲线平移示意图

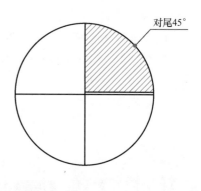

图 6-75　1/4 段航线飞行示意图

①对尾悬停 1min。

②对尾平移飞机至方框右侧，悬停 5s。

③向前缓慢推升降舵，直线经过大概 1m，然后保持飞机逆时针方向缓慢旋转 45°，用升降舵控制前进速度。

④旋转至对尾 45°，继续向前推升降舵，保持飞机继续逆时针方向旋转。

⑤在完成前面几步的基础上加入副翼，控制飞机防止出现侧滑。

⑥转至飞机的左侧位，飞机位置在方框正前方悬停 5s。

3）完成 1/2 圆，如图 6-76 所示。

① 侧位悬停 5s。

② 向前缓慢推升降舵，使飞机直线经过 1m 左右，然后保持飞机逆时针方向缓慢旋转 45°，用升降舵控制前进速度。

③ 旋转至对头 45°，继续向前推升降，保持飞机方向旋转。

④ 在完成前面几步的基础上加入副翼，控制飞机防止出现侧滑。

⑤ 转至飞机对头，飞机在方框左边，悬停 5s。

4）完成 3/4 圆，如图 6-77 所示。

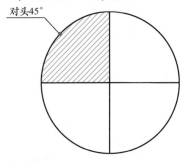

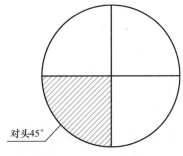

图 6-76 2/4 段航线飞行示意图　　　图 6-77 3/4 段航线飞行示意图

① 对头悬停 5s。

② 向前缓慢推升降舵，使飞机直线经过 1m 左右，然后保持飞机逆时针方向旋转 45°，用升降舵控制前进的速度。

③ 旋转至对头右 45°，继续向前缓慢推升降舵，保持飞机方向旋转。

④ 在完成前面几步的基础上加入副翼，控制飞机防止出现侧滑。

⑤ 转至飞机右侧位，飞机位置在方框正后方位置，悬停 5s。

5）完成圆周航线练习，如图 6-78 所示。

① 右侧位悬停 5s。

② 向前缓慢推升降舵，使飞机直线经过 1m 左右，然后保持飞机逆时针方向旋转 45°，用舵控制前进的速度。

③ 旋转至对尾右 45°，继续向前缓慢推升降舵，保持飞机方向旋转。

④ 在第四步完成的基础上加入副翼，控制飞机防止出现侧滑。

⑤ 转至飞机对尾，飞机位置在方框正右方位置，悬停 5s。

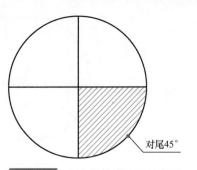

图 6-78 4/4 段航线飞行示意图

6）反复练习 4 条弧线，做到可以连续不停顿地完成整个圆弧航线。

7）以顺时针旋转方向从第 5 点开始沿 5→4→3→2→1→8→7→6→5 轨迹飞行。

小提示：

1）巩固在飞行中观察飞机的方式，把提前观察目标点的技能做到一种本能反应。

2）把 8 个悬停姿态放到远近不同的 8 个位置去练习，巩固对八位的精准操控。

3）在升降舵和方向舵协调好的情况下，通过副翼舵面让轨迹操控变得更为精准。

4）着重体会 1→3 段弧和 3→5 段弧中副翼舵控制的特点。

训练 4 斜 8 字练习

建议学时：8 学时。

教具准备：模拟器和计算机。

学习目标：

1）将飞机沿 1→2→3→4→5→6→7→8→1 轨迹连续运动，速度越慢越好，高度为 2m，如图 6-79 所示。

2）操作飞机沿红色轨迹运动，要求同上。

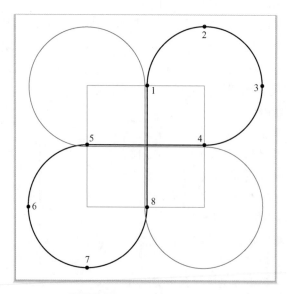

图 6-79 斜 8 字练习示意图

学习安排：

1）在模拟器中调出 F3C 的方框场地。

2）复习本章任务 1－2 中训练 1 的步骤，明确各个点的姿态情况：1 和 8 点是对尾姿态，2 和 7 点是对右悬停姿态，4 和 5 点是对左悬停姿态，3 和 6 点是对头悬停姿态。

3）心中默想一下任务 1－2 中训练 3，体会升降舵和方向舵的协调操作的感觉。

4）右上圆周航线练习，从 1 点出发，速度稍慢，连续完成整个圆周航线，在 4 点处停留 5s。

5）左下圆周航线练习，从 4 点出发，速度稍慢，连续完成整个圆周航线，在 8 点处停留 5s。

6）中间不做停留，完整地沿 1→2→3→4→5→6→7→8→1 缓慢运动。

7）重复 4）~6）步，沿红色轨迹运动。

小提示：

1）本训练练习的目的是同时完成顺时针方向和逆时针方向的圆周航线，有了之前的分段练习，相信大家可以在本训练中一次连贯完成整个练习。

2）当黑色轨迹与红色轨迹均能很缓慢流畅地完成后，表明对飞机的姿态控制已经相当熟练了。

3）如果在练习中能够很自如地控制飞机的走向和轨迹，不再被飞机牵着跑，表明对飞行时的观察方式也逐步正确。

训练 5　水平 8 字航点练习

建议学时：8 学时。

教具准备：模拟器和计算机。

学习目标：操作飞机在 1→2→3→4→1→5→6→7→1 各点分别保持各自的姿态停留 5s，高度 2m，如图 6－80 所示。

学习安排：

1）在模拟器中调出 F3C 的方框场地。

飞行部分——
直升机 8 字航线

2）复习任务 1－2 中训练 1 的步骤，明确各个点的姿态情况：1 和 8 点是对尾姿态，2 和 7 点是对右悬停姿态，4 和 5 点是对左悬停姿态，3 和 6 点是对头悬停姿态。

3）心中默想任务 1－2 中训练 3 的弧形轨迹的练习，体会升降舵和方向舵的协调配合。

4）从 1 点出发，分别在其他各点以各自的姿态保持停留 5s。经过几次

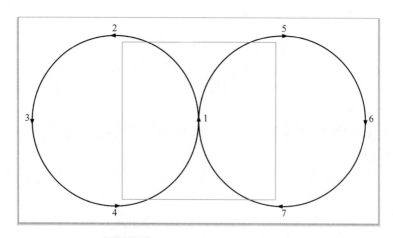

图 6-80 水平 8 字航点练习示意图

飞行，就会发现这个练习其实就是结合了任务 1-2 中训练 1 的米字平移和任务 1-2 中训练 3 的弧形轨迹练习。

5）不断重复以上步骤，直至飞机可以随时停留在航线中任一点。

小提示：

1）通过前几项的练习，应该能够很轻松地完成这个练习。

2）练习过程中，最难悬停的是哪几点？

3）谈谈几个舵面怎样配合来解决难以悬停的点？

4）8 字航点之间的到达各个点的速度怎样控制？

5）此次练习与斜 8 字练习有什么区别？之前的训练有什么帮助？

训练 6　8 字航点自旋练习

建议学时：8 学时。

教具准备：模拟器和计算机。

学习目标：将飞机沿 1→2→3→4→1→5→6→7→1 轨迹运动，每个点做一次自旋360°，如图 6-81 所示。

学习安排：

1）在模拟器中调出 F3C 的方框场地。

2）从 1 点出发，到达 2 点后保持对左悬停姿态，然后原地自旋360°。

3）从 2 点继续出发，到达 3 点后保持对头悬停姿态原地自旋360°。

4）不断重复以上步骤，直至飞机完成第 7 点到第 1 点的运动。

小提示：

1）这项任务可以锻炼各个位置修舵的能力，做到修舵无死角，为之后

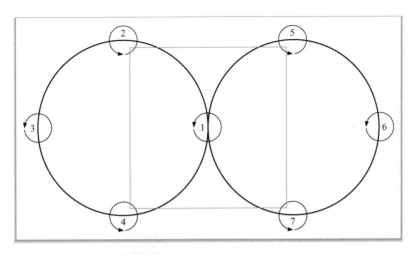

图 6-81 8 字航点自旋练习示意图

的飞行打好基础。

2）360°自旋在各个方位（如远近、左右）会存在一定的视觉偏差，这时更能考验操作者观察飞机的方式。如果死盯着飞机，飞机肯定会跑偏。只有在边飞的同时用余光看着周围的参照物，一般是飞机下面的参照标志。把飞机不断地往参照物上靠，这样才能保证飞机在离自己不同位置的地方都能定点旋转。

训练7　8字航线练习

建议学时：20 学时。

教具准备：模拟器和计算机。

学习目标：将飞机沿 1→2→3→4→1→5→6→7→1 轨迹连续运动，中间不停留，速度越慢越好，高度 2m，如图 6-82 所示。

学习安排：

1）在模拟器中调出 F3C 的方框场地。

2）心中默想一下任务 2-1 中训练 4 的练习，这个练习其实是由任务 2-1 训练 6 的 4 个圆周航线变为两个圆周航线，左右两侧的圆周航线分别重合为一个。明白这点后，应该能更容易地控制飞机了。

3）从 1 点出发，缓慢、连续地经过一个圆周重新回到 1 点停顿 5s。

4）从 1 点继续出发，同样要求完成另一侧的圆周运动。

5）不断重复以上步骤，直至飞机能够停留在航线中任一点，又能继续航行。

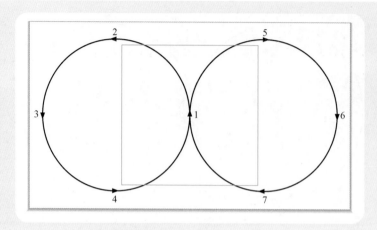

图 6-82 8 字航线练习示意图

6）做 8 字航线练习中升降舵是第一位，用于控制飞行速度。方向舵是第二位，用于控制轨迹的形状。副翼舵是第三位，用于控制轨迹的精准。

小提示：

1）8 字飞行的重要原则就是控制飞行速度要均速，不能太快，也不能太慢，在速度合理的前提下，靠方向舵的修整完全可以完美地完成 8 字飞行。

2）要在有前进速度的情况下均匀地打方向舵，切不可在飞机原地不动的情况下转方向舵。

3）副翼舵在什么时候需要修正？为什么？

6.2 VR 模拟练习

通过第一阶段的模拟器练习，就可以进入更加真实的 VR 模拟练习了。VR 模拟是由天途教育自主开发的一款仿真模拟软件，应用此款软件进行无人机训练，既可以达到与外场飞行手感一致的目的，又可以避免因为天气或设备原因影响训练进度。

任务 2-1 VR 模拟悬停训练

训练 1 VR 模拟对尾悬停训练

建议学时：4 学时。

教具准备：整套 VR 模拟设备。

VR 飞行→
对尾悬停训练

任务目标：将飞机在 VR 里的 8 字飞行场地的中间桶上进行对尾悬停训练。

学习安排：

1）将飞机由起降场起飞。

2）将飞行高度保持在 2~3m 不变。

3）缓慢平稳飞行到 8 字飞行场地中间的锥形筒上方悬停 1min。

4）时刻注意悬停位置与中间锥形筒的距离。

小提示：

1）VR 练习里面所选用的机型和正常外场飞行时选用的机型一致，手感也和外场手感一致。

2）由模拟器练习到 VR 练习实际上是从条件反射练习转到舵量练习的阶段，在练习时要注意 VR 练习的打舵方式和模拟器的区别。

3）由于飞机在空间飞行时会存在一定的视觉差，体验飞机正好在锥形筒上方的感觉。

训练 2　VR 模拟对头悬停训练

建议学时：4 学时。

教具准备：整套 VR 模拟设备。

学习目标：将飞机在 VR 里的 8 字飞行场地中间的锥形筒上进行对头悬停训练。

VR 飞行→
对头悬停

学习安排：

1）将飞机由起降场起飞。

2）将飞行高度保持在 2~3m 不变。

3）缓慢平稳飞行到 8 字飞行场地中间的锥形筒上方。

4）把飞机由对尾悬停缓慢转到对头悬停 1min。

5）时刻注意悬停位置与中间锥形筒的距离。

小提示：

1）回想对尾悬停训练，对头悬停训练和对尾悬停训练有什么区别？

2）如果对头悬停训练和对尾悬停训练一样稳，可以试着把环境风打开。

训练 3　VR 模拟对侧悬停训练

建议学时：8 学时。

教具准备：整套 VR 模拟设备。

学习目标：将飞机在 VR 里的 8 字飞行场地中间的锥形筒上进行对侧悬停训练，其中对侧悬停训练包括对左悬停和对右悬停。

6

VR 飞行→
对左悬停

学习安排：

1）将飞机由起降场起飞。

2）将飞行高度保持在2～3m不变。

3）缓慢平稳飞行到8字飞行场地中间的锥形筒上方。

4）把飞机由对尾悬停缓慢转到对左悬停并悬停1min。

5）把飞机由对左悬停缓慢转到对右悬停并悬停1min。

6）时刻注意悬停位置与中间锥形筒的距离。

VR飞行→
对右悬停

小提示：

1）对侧悬停训练相对于对头悬停训练比较简单，可以合并练习。

2）在进行方位转换时尽量保持飞机缓慢平稳，可以一边转一边进行修舵。

3）4个方位的悬停训练都已经完成，是否已经熟悉VR里的飞行手感和打舵方式？

训练4　VR模拟对头45°悬停训练

建议学时：8学时。

教具准备：整套VR模拟设备。

学习目标：将飞机在VR里的8字飞行场地中间的锥形筒上进行对头45°悬停训练，其中对头45°悬停训练包括左对头45°悬停和右对头45°悬停。

学习安排：

1）将飞机由起降场起飞。

2）将飞行高度保持在2～3m不变。

3）缓慢平稳飞行到8字飞行场地中间的锥形筒上方。

4）把飞机由对尾悬停缓慢转到对左悬停并悬停10s。

5）把飞机由对左悬停缓慢转到左对头45°悬停并悬停1min。

6）把飞机由左对头45°悬停缓慢转到对头悬停并悬停10s。

7）把飞机由对头悬停缓慢转到右对头45°悬停并悬停1min。

8）把飞机由右对头45°悬停缓慢转到对右悬停并悬停10s。

9）重复6）～8）的步骤反复练习。

10）时刻注意悬停位置与中间锥形筒的距离。

小提示：

1）对头悬停45°打舵方式和四位悬停是否一致？

2）在飞机有偏差时，你是一个舵一个舵地修正还是两个舵一起修正？

3）如果左对头45°要比右对头45°停将稳些，你觉得是什么问题？

训练 5 VR 模拟 8 位悬停训练

建议学时：4 学时。

教具准备：整套 VR 模拟设备。

学习目标：将飞机在 VR 里的 8 字飞行场地中间的锥形
筒上进行 8 位悬停训练。

VR 飞行→
完整 8 位悬停

学习安排：

1）将飞机由起降场起飞。

2）将飞行高度保持在 2～3m 不变。

3）缓慢平稳飞行到 8 字飞行场地中间的锥形筒上方并悬停 10s。

4）顺时针方向（或逆时针方向）控制飞机，每次旋转 45°，飞机在中
间锥形筒上方悬停 10s。

5）时刻注意悬停位置与中间锥形筒的距离。

小提示：

1）飞机每次旋转 45°，如果旋转完成后飞机没有在中间锥形筒上方，先
平稳地飞到中间锥形筒上方，然后悬停时间要长于 10s。

2）注意自己哪个方位最容易飘出去，着重加强练习这个方位的悬停
训练。

训练 6 VR 模拟自旋训练

建议学时：4 学时。

教具准备：整套 VR 模拟设备。

学习目标：将飞机在 VR 里的 8 字飞行场地中间的锥形
筒上进行自旋训练。

VR 飞行→完整
自旋带评分

学习安排：

1）将飞机由起降场起飞。

2）将飞行高度保持在 2～3m 不变。

3）缓慢平稳飞行到 8 字飞行场地中间的锥形筒上方并悬停 10s。

4）顺时针方向（或逆时针方向）控制飞机，飞机在中间锥形筒上方进
行自旋训练。

5）时刻注意悬停位置与中间锥形筒的距离。

小提示：

1）飞机在进行自旋训练时方向舵不能停，一旦开始旋转，就要一直保
持缓慢匀速地进行。

2）注意自己哪个方位最容易飘出去，着重加强练习这个方位的悬停训练。

6

任务 2-2 VR 模拟八字飞行训练

训练 1 VR 模拟 8 字航点训练

建议学时：16 学时。

教具准备：整套 VR 模拟设备。

学习目标：

将飞机在 VR 里的 8 字飞行场地中进行 8 字航点训练。

VR 飞行→完整
8 字航点飞行

学习安排：

1）将飞机由起降场起飞。

2）将飞行高度保持在 2~3m 不变。

3）缓慢平稳飞行到 8 字飞行场地中间的锥形筒上方悬停 1min。

4）按照八字飞行航点，缓慢飞到 2 号点进行悬停 1min。

VR 飞行→8 字
航点第 1 段

VR 飞行→8 字
航点第 2 段

VR 飞行→8 字
航点第 3 段

VR 飞行→8 字
航点第 4 段

VR 飞行→8 字
航点第 5 段

VR 飞行→8 字
航点第 6 段

VR 飞行→8 字
航点第 7 段

VR 飞行→8 字
航点第 8 段

5）依次飞到 3→4→1→5→6→7→1 点进行悬停，如图 6-83 所示。

6）时刻注意悬停位置与中间锥形筒的距离。

小提示：

1）在 8 字航点上的每个点飞机的方位要标准。

2）在飞行过程中保持高度变化在 1m 以内。

3）如果到某个点时方向和位置没有达到要求，修正好并悬停时间不少于 1min。

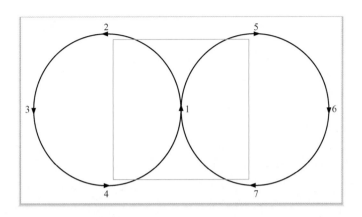

图 6-83 VR 的 8 字飞行训练示意图

训练2　VR 模拟 8 字航线训练

建议学时：8 学时。

教具准备：整套 VR 模拟设备。

学习目标：将飞机在 VR 里的 8 字飞行场地中进行 8 字航线训练。

学习安排：

1）将飞机由起降场起飞。

2）将飞行高度保持在 2~3m 不变。

3）缓慢平稳飞行到 8 字飞行场地中间的锥形筒上方悬停1min。

4）按照 8 字飞行航点，缓慢飞完 8 字航线，如图 6-84 所示。

5）时刻注意悬停位置与中间锥形筒的距离。

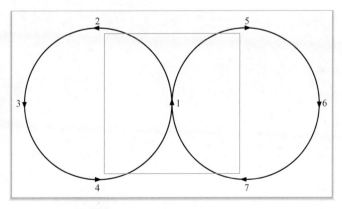

图 6-84 VR 模拟 8 字航线训练示意图

小提示：

1）在8字航线上的每个点飞机的方位要标准。

2）在飞行过程中保持高度变化在1m以内。

3）在飞行过程中尽量保持速度和方向均匀缓慢，不要停在某一点。

4）如果飞机在飞行过程中有偏差，要柔和地进行修正，不要停在某处进行修正。

任务2-3　VR模拟飞行情况测试

训练1　VR模拟自旋测试

建议学时：2学时。

教具准备：整套VR模拟设备。

学习目标：将飞机在VR里的8字飞行场地中进行自旋测试。

VR飞行→完整
自旋带评分

学习安排：

1）将飞机由起降场起飞。

2）将飞行高度保持在2~3m不变。

3）缓慢平稳飞行到8字飞行场地中间的锥形筒上方悬停10s。

4）在中间锥形筒上方进行自旋。

5）自旋完成之后飞机降落到起降场地。

6）等待系统打分。

小提示：

学生可以根据系统打分情况有针对性地进行训练，查看自己在飞行中的问题。

训练2　VR模拟8字飞行测试

建议学时：2学时。

教具准备：整套VR模拟设备。

学习目标：将飞机在VR里的8字飞行场地中进行8字飞行测试。

学习安排：

1）将飞机由起降场起飞。

2）将飞行高度保持在 2~3m 不变。

3）缓慢平稳飞行到 8 字飞行场地中间的锥形筒上方进行悬停 10s。

4）按要求进行 8 字飞行测试。

5）完成之后飞机降落到起降场地。

6）等待系统打分。

小提示：

学生可以根据系统打分情况，查看自己在飞行中的问题，有针对性地进行训练。

6.3　室外飞行训练

任务3-1　无人机遥控器

Futaba 遥控器是外场飞行训练使用的主流遥控器。它主要有手感细腻平滑、分位均匀、性能稳定、功能丰富等优点。

建议学时：8 学时。

教具准备：Futaba14 遥控器一台。

任务目标：

1）认识遥控器，并了解其作用。

2）学习遥控器使用基础知识与安全规范。

3）掌握遥控器常用设置。

训练1　认识遥控器

学习目标：

1）认识遥控器各开关与摇杆的作用，如图 6-85 所示。

2）掌握遥控器基础运行原理。

学习安排：

1）遥控器的作用与原理。遥控器的工作原理就是利用无线电发射机传送信号，并由接收机接收，然后转换成控制指令。

2）遥控器各开关的功能。Futaba 遥控器上两个摇杆控制飞机的基本动作，剩余开关都可自定义设置，可根据用户需求自行定义。

图 6-86 所示为遥控器开机后屏幕显示内容。

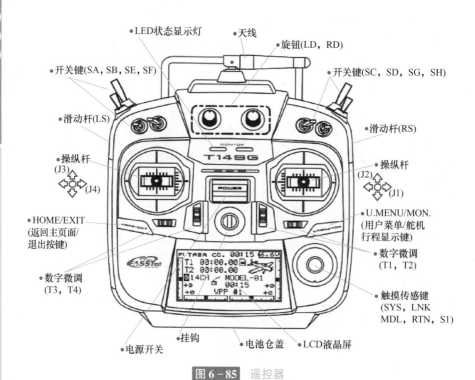

图 6-85 遥控器

图 6-86 屏幕显示内容

训练 2 遥控器常用的功能设置

学习目标：

1）掌握遥控器常用功能设置的内容。

2）遥控器开机前检查事项。

学习安排：

1）建立新模型。进入 LNK 菜单，选择 MODEL SEL 命令，转动光标到左侧 NEW 确认并长按 1s，选择固定翼模型，发射制式选择 MULT。固定翼模型名称为 AIRPLANE；直升机模型名称为 HELICOPTER；滑翔翼模型名称为 GLIDER。

2）遥控器通道设置。进入遥控器 FUNCTION 菜单，检查 1~4 通道顺序，美国手为 J1、J2、J3、J4，日本手为 J1、J3、J2、J4。第五通道 GEAR 设置为 SE 开关，功能为 GPS 开关。第六通道 VPP 设置为 SC 开关，功能为自动悬停、自动导航、返航降落。

3）将通道设置为反向。在"关联"菜单内找到 REVERSE（反向）命令，将油门（THR）反向通道后 NORM 更改为 REV（反向），反向就是将各通道开关设置为相反方向。

4）失控保护设置。进入 LNK 菜单进入右侧第三项 FAILSAFE，单击进入后设置第三通道 THR 油门 F/S 为打开状态，油门杆靠近最低位，光标移到数值上长按 RTN 键，数值显示为 −95% 左右即可。第五通道 GEAR 模式开关 F/S 设置为打开状态，数值为 +100%。第六通道 VPP 模式开关 F/S 设置为打开状态，数值为 +100%。

5）计时器设置（实际操作）。遥控显示器显示屏初始界面 ST1、ST2 为两个计时器；将 ST1 设置为飞行时间，可以设置正倒计时［UP］［DOWN］，开关计时启动［START］［STOP］，提醒模式［振动］［鸣响］等。ST2 可以设置两套不同的计时方式。

6）用户名/模型名称的设置。SYS 下面的 USERNAME 可以将用户名设置为自己的姓名，或者 LNK 下 MODEL SEL 将模型名称设置为 XY。

7）遥控器在各个阶段的检查事项。

① 飞行前，检查以下项目。

a. 天线位置是否与遥控器垂直。

b. 所有开关是否处于关闭位置。

c. 油门是否在最低位。

d. 遥控器电压是否正常。

e. 飞机模型类型是否与所飞机型相对应。

f. 发射制式是否正确以及遥控器是否与飞机对频成功。

g. 模型名称是否对应所飞飞机。

h. 中立微调是否在中位。

i. 计时器是否清零。

j. 查看遥控器舵量监控是否显示与教练线对频成功。

② 飞行中，检查以下项目。

a. 切换控制权时，学员是否保持油门中立位置接管控制权。

b. 收到控制权后，判断飞机运动与操作是否相符。

③ 飞行后，检查以下项目。

a. 当收到教员确认切换了控制权时，方可收油和关控。

b. 交换遥控器时，保持遥控器设置不变。

c. 如已掌握控制权，应保持拇指压住油门舵。

任务 3-2　外场飞行准备

学习目标：

1）能够熟练完成飞行前的检查工作。

2）熟悉自己练习的飞机。

建议学时：8 学时。

训练 1　外场飞机安全检查

建议学时：4 学时。

教具准备：无人机 1 架、遥控器和标志筒 1 个。

学习目标：

1）正确了解操作飞机的安全准备工作。

2）能够完成基本操作飞机起飞的简单设置。

学习安排：

1）正确掌握遥控器和飞机对频的流程。

① 卸掉螺旋桨。

② 打开遥控器，连接飞控电源。

③ 按照所使用的接收机执行对频操作。

2）起飞前检查事项。

① 对遥控器的检查。

a. 遥控设备的电量是否充足（T8FG >7V、T14SG >6V），遥控器模型是否为固定翼模型。

b. 飞行时间是否设定完成。

c. 失控保护是否设置完成。

② 对飞机的检查。

a. 飞机紧固件是否松动。

b. 螺旋桨与地面是否平行。

c. 飞机电压是否大于 22.2V。

d. 在地面切换 GPS 飞行模式，指示灯是否是绿灯闪烁（红灯闪烁表示正在搜 GPS 卫星信号，需等待搜星完毕）。

③ 其他检查。

a. 打开地面站软件。

b. 检查 GPS 星数是否大于 7 颗星。

c. 卡尔曼滤波值是否在 ±10 以内。

d. 姿态角、航向角是否随着飞机倾斜发生相对应的变化。

e. 手控舵位是否和地面站显示舵位相一致。

训练 2　熟悉所使用的飞机

刚刚开始练习外场飞行可能会有些不适应，操作手感和观看飞机的视角会与模拟练习时有些不同，外场训练首先需要熟悉外场的飞行视角，飞机位置不是平行视线，而是稍微高于平行视线。飞机距离自己的最近距离不能低于 5m。

建议学时：4 学时。

教具准备：无人机 1 架一架，遥控器 1 个，标志筒 1 个。

学习目标：

1）通过对尾悬停训练，感受外场所使用飞机的舵量。

2）能对尾停在目标点上。

学习安排：

1）对尾悬停训练控制，如图 6 – 87 所示。

① 对尾悬停升降控制。

a. 机身保持对尾方向不变，操作升降舵，使飞机离自己 5m 安全距离外。

b. 操作升降舵，使飞机前后位置在目标筒附近 3m 左右。

c. 对尾状态下，保持飞机在目标筒前后 1m 范围内悬停 1min。

首次接触较大的无人机，可能有些不适应，在教练的保护下，可

图 6 – 87　外场飞行对尾悬停

以尽可能地大舵量拨动摇杆，感受飞机飘移量与杆量之间的比例关系。

② 对尾悬停副翼控制。

a. 机身保持对尾悬停，控制升降舵面，能使飞机保持与目标筒的前后距离不变。

b. 在保持飞机前后位置不变的前提下，加入副翼控制。

c. 熟悉升降舵和副翼舵同时进行操作的协调性。

d. 将飞机控制在目标筒的左右位置 3m 范围内。

e. 将飞机控制在目标筒直径 2m 范围内悬停 1min。

外场飞行→
对尾悬停

刚刚开始学开车时，我们为了能保持直线行驶而尽心尽力，但还会有些手忙脚乱。造成这种窘境的原因就在于那时死死地抓着转向盘不放，让它长时间地处在修正上次误差的位置上。成为老司机后，可以完全不费力地沿着直线行驶！因此，在改善驾驶技术的过程中，应变得轻松自信。仅仅稍微"打"一下转向盘去修正偏差即可，如果"打"一次转向盘还不够，只需再打一次，直到回到正确的路线上来。由此可见，只要能够一次次地轻打转向盘，就能保持直线行驶，同时还能减少对行驶方向进行修正的次数。不管是为了维持定点的悬停，还是今后进行细微的航线飞行，只要利用轻轻"点碰"副翼或升降，再放松回到回中状态的动作，都能减轻过量操纵的问题，从而达到非常精确的效果。轻轻点碰一下副翼然后马上回中，而不要压住副翼不放。这样就能产生轻微的倾斜，从而可以一点一点地对航线进行调整。注意：此时飞机产生的坡度很小，所以飞机在点碰后并不会对高度有影响！点碰副翼或升降的目的是为了维持直线的平移，即影响的只是飞机的航迹，而不要把注意力集中在观察机体是如何反应上面。

2）对尾状态移动练习。

① 对尾状态前后移动练习。

a. 对尾悬停 1min。

b. 保持飞机左右偏移范围 1m 左右，轻推升降舵，保持小杆量。

c. 控制升降舵的操作量，使飞机姿态升降变换范围近似小于 3°，保持飞机匀速前进。

② 对尾状态左右移动练习。

a. 对尾悬停 1min。

b. 保持飞机前后偏移范围 1m 左右，轻打左副翼，保持小杆量。

外场飞行→对
尾悬停前后移动

c. 控制副翼的操作量，使飞机姿态横滚变换范围近似小于3°，保持飞机匀速横移。

③ 对尾悬停停在目标点上，体会"揉舵"操作。

a. 用最少的操作频率对飞机进行修正。

b. 操作舵量尽可能小。

c. 通过少操作、小舵量来体会操作的提前量，达到"揉舵"的操作效果。

外场飞行→对尾悬停左右移动

我们常说的操作过度是指由于压住某个舵面长时间不放而造成飞机产生明显的飘移。因此，在飞行过程中如果在每次做完点碰动作后，都能有意识地在回中位置上停顿一下，就能够克服这个毛病。

小提示：

学习至这一阶段，要把理论学习和模拟训练有机结合起来，外场训练是理论与模拟训练的衍生，所练内容与之前所学进行了衔接，同时针对实际飞行特点，外场章节加入了特殊训练内容，可以帮助大家更好地掌握飞行技巧。

任务3-3 悬停技术训练

悬停技术是无人机飞行的基础，也是其他飞行技巧的基石，有效并牢固地掌握悬停时的飞行技巧，将对后续的进阶飞行训练产生事半功倍的效果，也对提高自身技能打下坚实的基础。通过观察一位能够熟练操控无人机高手的动作，可能会注意到，他们在操纵飞机时看上去十分娴熟，飞机也飞得标准平稳。这其中的原因就在于他们对于飞机的基本操纵已经变得"自然而然"了。这些熟手在飞行的大部分时间里都是在想下一步该做什么，下一步该往哪儿飞——他们的思维总是"走在了飞机动作的前面"，而不是对飞机的状态做被动的反应。"自然而然"以及"思维走在飞机动作的前面"，这些都不是靠眼明手快或是建立了什么生理反射而形成的。必须有一个正确的教学系统，并从一开始就把精力放在如何培养一个固定的操纵模式上，这样才能成为一个合格的无人机飞行员！

学习目标：能够完成360°自旋。

建议学时：40学时。

训练1 加入方向舵

建议学时：2学时。

教具准备：无人机1架，遥控器1个，标志筒1个。

学习目标：掌握左对尾45°悬停技巧并能停在目标筒上1min以上。

外场飞行→左对尾

学习安排：

1）对尾悬停在目标点上方1min，保持对尾姿态分别向右移动，至视角变为对尾45°，悬停5s。

2）目标点上方对尾悬停5s，逆时针方向旋转45°至对尾45°，对尾45°悬停30s，如图6-88所示。

小提示：

1）在悬停过程中要使飞机的位置尽量保持不动，着重体会操舵操作方式。

图6-88 外场飞行左对尾45°悬停

2）这一步主要是在操作飞机升降舵和副翼的前提下，操作方向舵，感受外场飞机旋转的感觉，为接下来的8字和自旋做铺垫。

3）到这一步就到了另一个位置的悬停练习，通过旋转飞机方向，使飞机换个姿态悬停，在悬停过程中感受操作飞机的不同之处。

4）在能够小舵量操作飞机对尾悬停的基础上，加入方向舵，慢慢逆时针方向旋转45°，旋转过程可能会出现飞机位置偏移的情况，转至目标位置操作飞机回到中点位置上。

5）飞行训练时，正确的学习方法就是把精力集中在建立一个稳定不变的操作模式上。要让飞机"跟着你的操纵飞"！如果你的操纵无懈可击，你可能根本就不需要再进行什么纠正和调整了，你就会有充足的时间，让你的思维"走在飞机动作的前面"。

训练2　不一样的操作方式

建议学时：2学时。

教具准备：无人机1架，遥控器1个，标志筒1个。

学习目标：掌握飞机对头悬停能力，并能停在目标筒上1min以上。

学习安排：

1）对尾45°悬停5s。

2）逆时针方向旋转方向舵至对头。

3）目标点对头悬停30s，如图6-89所示。

小提示：

外场飞行→对头悬停

1）在对尾45°悬停的基础上慢速逆时针方向旋转至对头位置，旋转过程中飞机的位置会有所偏移，转至对头后，将飞机操作回中点上。熟悉对头悬停操作方式，在目标点上悬停，直到用最少的操作次数，通过平滑操作使飞机悬停在目标点上。

2）造成飞机操作困难的另一个公认的原因就是平时不手握操纵杆，只是需要时再"仓促"地去攥操纵杆。这样根本不可能跟上控制操纵动作的节奏和幅度。因此一定要始终把拇指和食指放在操纵杆

图 6-89　外场飞行对头悬停

上！只有这样，你才能很好地控制你的操纵！

3）手里拿好遥控器，想象你面前有一架飞机正在受到你的控制，以此进行练习。除以上对头练习外，还要默想由对头转向对尾模式。当这些练习形成套路，变得程式化，就能顺利地做好每个姿态的转化，你就不单是做好了飞行训练的准备工作了，而且还能充分保证你的第一次飞行就能精准平稳。

训练3　右半圆对头 45°悬停

建议学时：4 学时。

教具准备：无人机 1 架，遥控器 1 个，标志筒 1 个。

学习目标：掌握对头 45°悬停能力并能在目标筒上悬停 1min 以上。

学习过程：

1）对头悬停 5s。

2）向左操作方向舵，逆时针方向旋转飞机至对头 45°悬停 30s，如图 6-90 所示。

3）旋转至对头悬停 10s。

4）反复操作旋转练习。

小提示：

图 6-90　外场飞行右对头 45°悬停

在对头悬停的基础上逆时针方向旋转45°到对头 45°，旋转过程感受飞机偏移及修正方式。熟悉对头悬停操作方式，在目标点上悬停，直到用最少的操作次数，平滑操作使飞机悬停在目标点上。慢慢地，就能够逐步用更少的点碰次数把飞机调整到一个稳定的状态。

训练4　右半圆侧位悬停

建议学时：4 学时。

教具准备：无人机 1 架，遥控器 1 个，标志筒 1 个。

学习目标：掌握对侧悬停能力并能在目标筒上悬停1min以上。

学习安排：

1）飞机飞至右对头45°并悬停30s。

2）向左操作方向舵，逆时针方向旋转飞机至右侧位并悬停30s。

外场飞行→右半圆侧位悬停

3）旋转至对右45°悬停10s，如图6-91所示。

4）反复操作旋转练习。

小提示：

在飞机转向侧位时，可以采用身体扭转这一临时方法。采用这种方法，能让操作者的身体基本上顺着飞机的飞行方向，方便利用点碰动作进行快速修正，这样可以避免产生左右混淆的问题。另外，扭转

图6-91 外场飞行对右悬停

身体只是起到辅助的作用，不要把它当成一个任务来完成，而且只需稍稍转一点儿就可以了。

训练5 自旋1/2练习

建议学时：4学时。

教具准备：无人机1架，遥控器1个，标志筒1个。

学习目标：完成右半圈自旋练习。

学习安排：

1）飞机飞至右侧位悬停10s。

2）向左操作方向舵，逆时针方向旋转飞机至右半圆对尾45°并悬停10s。

3）向左操作方向舵，逆时针方向旋转飞机至对尾，悬停10s。

4）慢慢把飞机转回到对头，悬停10s。

5）重复对头→对头45°→对右→对尾45°→对尾等动作，每个动作完成之后悬停10s，如图6-92所示。

图6-92 对头→对头45°→对右→对尾45°→对尾

小提示：

当观察飞行的飞机时，不管飞机是四轴还是八轴，什么能见度，什么飞机角度，什么风向，也不管机身是否处在"侧滑状态"或者侧滑多少，都要将模型作为一个整体来操作，而不能只根据飞机的某一部分来进行判断。有可能飞机向左倾，机身却在向右漂移。在定点悬停时，一定要不断地问自己（判断）："飞机正在向哪儿飘？"这样才能尽早地主动判断出飞机是否偏离了标志筒。

训练6　左半圆180°自旋

建议学时：16学时。

教具准备：无人机1架，遥控器1个，标志筒1个。

学习目标：完成左半圆180°自旋练习。

外场飞行→
左半圈自旋

学习安排：

1）依照右半圈自旋练习步骤，首先练习左半圈分解方位悬停。

2）飞机保持对尾悬停10s。

3）向左旋转方向舵，转至对尾45°并悬停10s。

4）向左旋转方向舵，转至对侧悬停并悬停10s。

5）向左旋转方向舵，转至左对头45°并悬停10s。

6）向左旋转方向舵，转至对头悬停并悬停10s。

7）重复以上步骤，然后逐渐减少悬停时间，完成慢速左半圈自旋，如图6-93所示。

图6-93　对尾→对尾45°→对左→对头45°→对头

小提示：

在每次飞行前和飞行后通过默想来进行训练，每次可以假想飞机出现的各种偏离情况，迅速给出修舵的方向。还可以默想杆量的大小和飞机偏离距离的大小，从而形成精确的记忆。经常这样可以获得自信，确保操作成功！

训练7　慢速自旋360°练习

建议学时：8学时。

教具准备：无人机1架，遥控器1个，标志筒1个。

学习目标：掌握慢速自旋的技巧，能够在允许偏差范围内完成自旋。

6

学习安排：

1）对尾悬停 30s，匀速逆时针方向旋转 8 个 45°区间，旋转回至对尾状态，保持飞机位置不变。

2）按照 8 位的旋转感觉在每个位置停留 1s。

3）按照 8 位的旋转感觉对自旋过程进行修正，完成自旋一周，如图 6-94 所示。

外场飞行→
慢速自旋

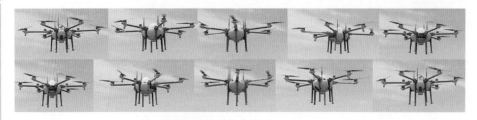

图 6-94 外场飞行完整自旋

小提示：

到达这一步，说明已经能够操控无人机了，在打舵的方向力度和时机上，控制飞机慢慢有了一种人机合一的愉悦感。如果 1s 的停顿时间觉得太短，可以从 5s、3s、1s 逐步过渡。每个停顿的时间要保持一样，到时间就必须转动，保持一种转动的节奏感！

任务 3-4 外场航线训练飞行

学习目标：能够熟练完成 8 字航线飞行。

建议学时：44 学时。

训练 1 速度控制练习

建议学时：4 学时。

教具准备：无人机 1 架，遥控器 1 个，标志筒 5 个。

学习目标：熟练掌握侧位匀速直线航线飞行。

学习安排：

1）选取两个与自身平行相距 30m 的目标点。

2）飞机右侧位悬停在左侧目标点。

3）飞机匀速向前飞行，到右目标点悬停 10s。

4）在两点之间再加入两点，重复刚才的操作，中点减速但是不停，练习升降舵的操作精度。

外场飞行→
匀速左右飞行

5）换退飞，重复以上四步的练习，如图 6-95 所示。

图 6-95 直线航线飞行

小提示：

在整个练习过程中要做到"心中有数，适时调整"：在飞过一个标志筒后，眼睛就得瞄向下一个标志筒，并随之相应地调整升降舵的幅度，以确保在前进或后退过程中始终能保持匀速飞行。每个起落下来，都需要做一次默想练习，从左至右或从右至左都要练习。只有在大脑中形成一种程式化操作，以后就能飞得更加从容。

训练2 航点的练习

建议学时：20 学时。

教具准备：无人机 1 架，遥控器 1 个，标志筒 7 个。

学习目标：能够在 8 字航点的所有点完成姿态悬停训练。

外场飞行→
航点飞行

学习安排：

1）在中心筒上保持左侧位悬停，然后保持飞机姿态分别在左上点和右下点悬停 1min，如图 6-96 所示。

2）在中心筒上保持右侧位悬停，然后保持飞机姿态分别在左下点和右上点悬停 1min，如图 6-97 所示。

图 6-96 左上点到右下点 8 字航点平移

图 6-97 左下点和右上点 8 字航点平移

3）在中心筒上保持对头姿态悬停，然后保持飞机姿态分别在左边点和右边点悬停 1min。

小提示：

当飞机在远处点悬停时，常常会有学员反映看不清姿态，不知道如何打舵了。产生这种情况的原因是在观察飞机时只局限于局部细节的观察，而没有把飞机当作一个整体来观察它的运动趋势。

这里要重申一下，在飞行时，一定要时刻提醒自己"飞机正在飞向何处"，然后根据你需要它往哪里飞来进行航线修正。主动地去控制飞机的轨迹，而不要去管飞机现在是什么姿态，机头朝向何处。

训练3　圆周航线练习

建议学时：20学时。

教具准备：无人机1架，遥控器1个，标志筒7个。

学习目标：匀速完成左侧和右侧4个圆弧航线，4个姿态准确经过4个位置点。

外场飞行→
8字飞行

学习安排：

1）尝试左半圆AB段弧，在B点保持对左姿态悬停10s，如图6-98所示。

2）同样的要求，练习BC段弧，如图6-99所示。CD段弧如图6-100所示。DA段弧，如图6-101所示。

图6-98　8字练习1/4航线

图6-99　8字练习2/4航线

图6-100　8字练习3/4航线

图6-101　8字练习4/4航线

3）按同样要求，练习右半圆。

4）重复1）、2）、3）步骤，把注意力放在副翼舵面，让每段弧更加精准。

5）重复以上步骤，每个点不用停留，减速即可。

6）反复练习至熟练。

小提示：

重点是用升降舵和方向舵控制速度和机头方向，到达下一点后飞机能迅速停住，且机头指向正确。

训练 4　外场实操科目考核

建议学时：2 学时。

教具准备：无人机 1 架，遥控器 1 个，标志筒 7 个，考试定位器 1 个，考核设备 1 台。

学习目标：完成外场实操考核并记录成绩。

学习安排：

1）进行外场自旋科目考核，水平偏移距离不大于 2m，垂直偏移距离不大于 1m，系统判定通过，通过成绩为大于 70 分。

2）进行外场水平 8 字考核，整条航线水平偏移不大于 2m，垂直偏移不大于 1m，方向偏移不大于 15°且飞机不能后退，系统判定通过，通过成绩大于 70 分。

小提示：

1）正常外场练习时就可以应用评分系统，该系统会根据飞行情况给出评分，并指出各个考核指标的偏差情况。

2）教师或者学生可以根据测试系统指出的问题进行有针对性的练习，进而提高练习效率。

附　录
颁发无人机驾驶员执照与等级的条件

一、视距内等级驾驶员执照

1. 资格要求

符合下列条件的申请人，民航局可以为其颁发视距内等级驾驶员执照：

1）年满 16 周岁。

2）三年内无刑事犯罪记录。

3）具有初中或者初中以上文化程度。

4）完成了本规定"2. 航空知识要求"的相应无人机等级的航空知识训练，并由提供训练或者评审其自学情况的授权教员在训练记录上签字，证明该申请人可以参加规定的理论考试。

5）通过了本规定"2. 航空知识要求"航空知识的理论考试。

6）完成了本规定"3. 飞行技能要求"的相应无人机等级的飞行技能训练，并由提供训练的授权教员在其飞行经历记录本上签字，证明该申请人可以参加规定的实践考试。

7）在申请实践考试之前，满足本规定"4. 飞行经历要求"中适用于所申请无人机等级的飞行经历要求。

8）通过了本规定"3. 飞行技能要求"飞行技能的实践考试。

9）符合本规则对所申请无人机类别和级别等级的相应条款要求。

2. 航空知识要求

1）民用无人机驾驶员管理和民用无人机运行有关的中国民用航空规章。

2）气象学，包括识别临界天气状况，获得气象资料的程序以及航空天气报告和预报的使用。

3）航空器空气动力学基础和飞行原理。

4）无人机主要系统，导航、飞控、动力、链路、电气等知识。

5）无人机系统操作程序及通用应急操作程序。

6）所使用的无人机系统特性，包括以下内容。

① 起飞和着陆要求。

② 性能：

a. 飞行速度。

b. 典型和最大爬升率。

c. 典型和最大下降率。

d. 典型和最大转弯率。

e. 其他有关性能数据（如风、结冰、降水限制）。

f. 航空器最大续航能力。

7）植保无人机运行相关知识（Ⅴ分类等级适用），包括以下内容。

① 开始作业飞行前应当完成的工作步骤，包括作业区的勘察。

② 安全处理有毒药品的知识及要领和正确处理使用过的有毒药品容器的办法。

③ 农药与化学药品对植物、动物和人员的影响和作用，重点在计划运行中常用的药物以及使用有毒药品时应当采用的预防措施。

④ 人体在中毒后的主要症状，应当采取的紧急措施和医疗机构的位置。

⑤ 所用无人机的飞行性能和操作限制。

⑥ 安全飞行和作业程序。

⑦ 喷洒限制。

⑧ 喷洒记录保存。

3. 飞行技能要求

（1）通用部分

1）飞行前准备：包括气象判断、飞行空域与飞行计划申报、重量和平衡的计算、动力系统相关的准备、地面控制站的设置及起飞前无人机系统检查。

2）起飞、着陆和复飞，包括正常、有风和倾斜地面的起飞和着陆。

3）视距内机动飞行。

4）机场和起落航线的运行。

5）应急程序：包括飞行平台操纵系统故障、动力系统故障、数据链路故障、地面控制站故障及迫降或应急回收。

（2）固定翼类别适用

1）地面滑行。

2）临界小速度飞行，判断并改出从直线飞行和从转弯中进入的临界失速及失速。

3）最大性能（短跑道和越障）起飞，短跑道或松软跑道着陆。

（3）直升机类别适用

1）悬停，包括无人机平台正前方朝向不同方向时的悬停。

2）以所需最小动力起飞和着陆，最大性能起飞和着陆。

3）在涡环初始阶段的识别及改出。

（4）多旋翼类别适用

1）悬停，包括无人机平台正前方朝向不同方向时的悬停。

2）以所需最小动力起飞和着陆，最大性能起飞和着陆。

3）模拟单个动力轴动力失效时的应急操纵程序。

（5）垂直起降固定翼无人机类别适用

1）旋翼及螺旋桨动力切换故障处理或传动装置和互连式传动轴故障处理（如适用）。

2）临界小速度飞行，判断并改出从直线飞行和从转弯中进入的临界失速及失速。

（6）自转旋翼机类别适用

以临界小速度机动飞行，对小速度大下降率状态的判断和改出。

（7）植保无人机飞行技能要求（V分类等级适用）

以无人机的最大起飞全重完成起飞、作业线飞行等操作动作。

（8）飞艇类别适用

1）最大性能（越障）起飞。

2）识别漏气现象。

3）轻着陆。

4. 飞行经历要求

视距内等级驾驶员执照的申请人应当具有操纵有动力的无人机至少44h的飞行经历时间。

1）按照本规定"3. 飞行技能要求"，对于多旋翼类别视距内等级驾驶员执照申请人，由授权教员提供不少于10h带飞训练，不少于5h单飞训练，计入驾驶员飞行经历的飞行模拟训练时间不多于22h。

2）按照本规定"3. 飞行技能要求"，对于除多旋翼类别外其他类别视距内等级驾驶员执照申请人，由授权教员提供不少于16h带飞训练，不少于

6h 单飞训练，计入驾驶员飞行经历的飞行模拟训练时间不多于 8h。

二、超视距等级驾驶员执照

1. Ⅺ（不含）以下分类等级

（1）资格要求

符合下列条件的申请人，民航局可以为其颁发超视距等级驾驶员执照。

1）年满 16 周岁。

2）五年内无刑事犯罪记录。

3）具有初中或者初中以上文化程度。

4）完成了本规定"（2）航空知识要求"的相应无人机等级的航空知识训练（视距内等级驾驶员执照持有人申请相应类别分类等级的超视距等级驾驶员执照，须完成本规定"（2）航空知识要求"对于"2. 航空知识要求"的补充训练），并由提供训练或者评审其自学情况的授权教员在训练记录上签字，证明该申请人可以参加规定的理论考试。

5）通过了本规定"（2）航空知识要求"航空知识的理论考试。

6）完成了本规定"（3）飞行技能要求"的相应无人机等级的飞行技能训练（视距内等级驾驶员执照持有人申请相应类别分类等级的超视距等级驾驶员执照，须完成本规定"（3）飞行技能要求"对于"3. 飞行技能要求"的补充训练），并由提供训练的授权教员在其飞行经历记录本上签字，证明该申请人可以参加规定的实践考试。

7）在申请实践考试之前，满足本章中适用于所申请无人机等级的飞行经历要求（视距内等级驾驶员执照持有人申请相应类别分类等级的超视距等级驾驶员执照，须完成本规定"（3）飞行技能要求"对于"3. 飞行技能要求"的补充训练）。

8）通过了本规定"（3）飞行技能要求"的实践考试。

9）符合本规则对所申请无人机类别和分类等级的相应条款要求。

（2）航空知识要求

1）民用无人机系统驾驶员管理和民用无人机运行有关的中国民用航空规章。

2）气象学，包括识别临界天气状况，获得气象资料的程序以及航空天气报告和预报的使用。

3）航空器空气动力学基础和飞行原理。

4）无人机主要系统，导航、飞控、动力、链路、电气等知识。

163

5）无人机系统操作程序及通用应急操作程序。

6）所使用的无人机系统特性，包括以下内容。

① 起飞和着陆要求。

② 性能。

a. 飞行速度。

b. 典型和最大爬升率。

c. 典型和最大下降率。

d. 典型和最大转弯率。

e. 其他有关性能数据（如风、结冰、降水限制）。

f. 航空器最大续航能力。

③ 控制站界面、功能等知识以及控制站之间的交接程序（如适用）。

7）植保无人机运行相关知识（V级别适用），包括以下内容。

① 开始作业飞行前应当完成的工作步骤，包括作业区的勘察。

② 安全处理有毒药品的知识及要领和正确处理使用过的有毒药品容器的办法。

③ 农药与化学药品对植物、动物和人员的影响和作用，重点在计划运行中常用的药物以及使用有毒药品时应当采用的预防措施。

④ 人体在中毒后的主要症状，应当采取的紧急措施和医疗机构的位置。

⑤ 所用无人机的飞行性能和操作限制。

⑥ 安全飞行和作业程序。

⑦ 喷洒限制。

⑧ 喷洒记录保存。

⑨ 植保作业负责人的任务与职责。

（3）飞行技能要求

1）通用部分。

① 飞行前准备：包括气象判断、飞行空域与飞行计划申报、重量和平衡的计算、动力系统相关的准备、地面控制站的设置及起飞前无人机系统检查。

② 起飞、着陆和复飞，包括正常、有风和倾斜地面的起飞和着陆。

③ 视距内机动飞行。

④ 机场和起落航线的运行。

⑤ 应急程序：包括飞行平台操纵系统故障、动力系统故障、数据链路故障、地面控制站故障及迫降或应急回收。

⑥ 飞行程序指挥及任务执行指挥。

⑦ 航路航线的规划、实施及修改。

2）固定翼类别适用。

① 地面滑行。

② 临界小速度飞行，判断并改出从直线飞行和从转弯中进入的临界失速及失速。

③ 最大性能（短跑道和越障）起飞，短跑道或松软跑道着陆。

3）直升机类别适用。

① 悬停，包括无人机平台正前方朝向不同方向时的悬停。

② 以所需最小动力起飞和着陆，最大性能起飞和着陆。

③ 在涡环初始阶段的识别及改出。

4）多旋翼类别适用。

① 悬停，包括无人机平台正前方朝向不同方向时的悬停。

② 以所需最小动力起飞和着陆，最大性能起飞和着陆。

③ 模拟单个动力轴动力失效时的应急操纵程序。

5）垂直起降固定翼无人机类别适用。

① 旋翼及螺旋桨动力切换故障处理或传动装置和互连式传动轴故障处理（如适用）。

② 临界小速度飞行，判断并改出从直线飞行和从转弯中进入的临界失速及失速。

6）自转旋翼机类别适用。

以临界小速度机动飞行，对小速度大下降率状态的判断和改出。

7）植保无人机飞行技能要求（Ⅴ分类等级适用）。

以无人机的最大起飞全重完成起飞、作业线飞行等操作动作。

8）无人飞艇类别适用。

① 最大性能（越障）起飞。

② 识别漏气现象。

③ 轻着陆。

（4）飞行经历要求

超视距等级驾驶员执照的申请人应当具有操纵有动力的无人机至少56h的飞行经历时间，其中包括以下内容。

1）按照本规定"（3）飞行技能要求"的飞行技能要求，对于多旋翼类别超视距等级驾驶员执照申请人，由授权教员提供不少于15h带飞训练，不少于5h单飞训练，计入驾驶员飞行经历的飞行模拟训练时间不多于28h。

2）按照本规定"（3）飞行技能要求"的飞行技能要求，对于除多旋翼类别外其他类别超视距等级驾驶员执照申请人，由授权教员提供不少于20h带飞训练，不少于6h单飞训练，计入驾驶员飞行经历的飞行模拟训练时间不多于12h。

2. XI、XII分类等级

（1）资格要求

符合下列条件的申请人，民航局可以为其颁发超视距等级驾驶员执照。

1）年满18周岁。

2）无犯罪记录。

3）具有高中或者高中以上文化程度。

4）完成了本规定"（2）航空知识要求"的相应无人机等级的航空知识训练，并由提供训练或者评审其自学情况的授权教员在训练记录上签字，证明该申请人可以参加规定的理论考试。

5）通过了本规定"（2）航空知识要求"航空知识的理论考试。

6）完成了本规定"（3）飞行技能及经历要求"的相应无人机等级的飞行技能训练，并由提供训练的授权教员在其飞行经历记录本上签字，证明该申请人可以参加规定的实践考试。

7）在申请实践考试之前，满足本章中适用于所申请无人机等级的飞行经历要求。

8）通过了本规定"（3）飞行技能及经历要求"的实践考试。

9）符合本规则对所申请无人机类别和分类等级的相应条款要求。

（2）航空知识要求

申请人必须接受并记录培训机构工作人员提供的地面训练，完成下列与所申请无人机系统等级相应的地面训练课程并通过理论考试。

1）航空法规以及机场周边飞行、防撞、无线电通信、夜间运行、高空运行等知识。

2）气象学，包括识别临界天气状况，获得气象资料的程序以及航空天气报告和预报的使用。

3）航空器空气动力学基础和飞行原理。

4）无人机主要系统，导航、飞控、动力、链路、电气等知识。

5）无人机系统通用应急操作程序。

6）所使用的无人机系统特性，包括以下内容。

① 起飞和着陆要求。

② 性能。

a. 飞行速度。

b. 典型和最大爬升率。

c. 典型和最大下降率。

d. 典型和最大转弯率。

e. 其他有关性能数据（如风、结冰、降水限制）。

f. 航空器最大续航能力。

③ 通信、导航和监视功能。

a. 航空安全通信频率和设备，包括以下内容。

● 空中交通管制通信，包括任何备用的通信手段。

● 指令与控制数据链路（C2），包括性能参数和指定的工作覆盖范围。

● 无人机驾驶员和无人机观测员之间的通信（如适用）。

b. 导航设备。

c. 监视设备（如 SSR 应答、ADS – B 发出）。

d. 发现与避让能力。

e. 通信紧急程序，包括以下内容。

● ATC 通信故障。

● 指令与控制数据链路故障。

● 无人机驾驶员/无人机观测员通信故障（如适用）。

f. 控制站的数量和位置以及控制站之间的交接程序（如适用）。

（3）飞行技能与经历要求

申请人必须至少在下列操作上接受并记录培训机构提供的针对所申请无人机系统等级的实际操纵飞行或模拟飞行训练。

1）对于机长有以下要求。

① 空域申请与空管通信，不少于4h。

② 航线规划，不少于4h。

③ 系统检查程序，不少于4h。

④ 正常飞行程序指挥，不少于20h。

⑤ 应急飞行程序指挥，包括规避航空器、发动机故障、链路丢失、应急回收、迫降等，不少于20h。

⑥ 任务执行指挥，不少于4h。

2）对于驾驶员有以下要求。

① 飞行前检查，不少于 4h。

② 正常飞行程序操作，不少于 20h。

③ 应急飞行程序操作，包括发动机故障、链路丢失、应急回收、迫降等，不少于 20h。

上述"对于机长"的内容不包含"对于驾驶员"所要求内容。

三、教员等级

1. 资格要求

符合下列条件的申请人，局方可以为其颁发教员等级证书。

1）年满 18 周岁。

2）无刑事犯罪记录。

3）具有高中或者高中以上文化程度。

4）持有与所申请教员等级执照相同类别分类等级的超视距等级驾驶员执照。

5）完成了本规定"2. 知识要求"的知识训练，并由提供训练或者评审其自学情况的授权教员在训练记录上签字，证明该申请人可以参加规定的理论考试。

6）通过了本规定"2. 知识要求"的理论考试。

7）完成了本规定"3. 飞行教学要求"的相应无人机等级的飞行教学能力训练，并由提供训练的授权教员在其飞行经历记录本上签字，证明该申请人可以参加规定的实践考试。

8）在申请实践考试之前，满足本章中适用于所申请无人机等级的飞行经历要求。

9）通过了本规定"3. 飞行教学要求"飞行技能的实践考试。

10）符合本规定对所申请无人机类别和分类等级的相应条款要求。

2. 知识要求

教员等级申请人应当接受并记录了由授权教员提供的下列地面教学原理训练。

1）教学技巧。

2）学习过程。

3）对地面教学科目中学员表现的评定。

4）有效教学的基本要素。

5）对学员的评价、提问和考试。

6）课程研制开发。

7）制订授课计划。

8）课堂教学技巧。

9）训练设备的使用，包括使用飞行模拟训练装置。

10）分析、纠正学员错误。

11）与飞行教员有关的人的行为能力，包括威胁和差错管理的原则。

12）模拟无人机系统失效和故障情况下的应急处理方法。

3. 飞行教学要求

1）针对基础、经验和能力水平各不相同的学员，准备和实施授课计划。

2）评价学员的飞行完成情况。

3）飞行前指导和飞行后讲评。

4）教员责任和出具签字证明的程序。

5）正确分析和纠正学员的常见飞行偏差。

6）完成并分析与所申请教员等级相应的标准飞行训练程序与动作。

4. 教员的飞行经历及训练要求

教员等级申请人应具有 100h 操纵其申请的类别及分类等级航空器并担任机长的飞行经历时间。

教员等级申请人应接受不低于 20h 实践飞行训练。

附录

参 考 文 献

[1] 张祖勋，张剑清. 数字摄影测量学 [M]. 武汉：武汉大学出版社，2002.

[2] 中国气象局. 中国云图 [M]. 北京：气象出版社，2004.

[3] 李德仁，王树根，周月琴. 摄影测量与遥感概论 [M]. 2 版. 北京：测绘出版社，2008.

[4] 孙毅. 无人机驾驶员航空知识手册 [M]. 北京：中国民航出版社，2014.

[5] 蔡志洲，林伟，等. 民用无人机及其行业应用 [M]. 北京：高等教育出版社，2017.